EL UMBRAL DEL NO SER

PRÓLOGO

Este es un viaje hacia lo desconocido, hacia la creación de algo que aún no existe, pero que, en algún rincón de la realidad, está destinado a ser. La esencia misma de la vida se pregunta cómo algo emerge de la nada, cómo una chispa de existencia encuentra su lugar en el vasto entramado del tiempo y el espacio.

A lo largo de la evolución del ser, se entrelazan las complejidades de la conciencia, del ser y del no ser, del devenir y del existir. Es una exploración de los ciclos de la creación, del miedo que acompaña la posibilidad de la no-existencia, y del coraje necesario para superar ese abismo. Desde el silencio hasta el grito de la vida, desde la quietud hasta el primer aliento, es un viaje que todos hemos recorrido, aunque no recordemos esos pasos.

La historia de ese instante previo al nacimiento, de la vida que se va formando en la penumbra, en la espera, en la esperanza. Es una reflexión sobre las decisiones humanas que afectan esa chispa de vida que se encuentra suspendida entre dos mundos, y sobre el valor inestimable de permitir que esa vida vea la luz del día.

La vida toma forma como un diálogo silencioso entre el ser que está por nacer y el mundo que le aguarda. A veces vulnerable, a veces valiente, es la voz de un ser que aún no tiene nombre, pero que, desde lo más profundo de su silencio, grita por existir.

Es mi deseo que, al leer este libro, no solo acompañes a este ser en su viaje, sino que también te conectes con el tuyo. Que estas palabras despierten en ti el milagro de la vida, el valor de lo que aún no ha sido y lo frágil que es el paso entre el no-ser y el ser.

Marcelo Zambrano Puertas

PALABRAS DEL AUTOR

Escribir este libro ha sido una travesía profunda, una exploración que va más allá de las palabras. Desde el momento en que la idea surgió en mi mente, supe que no sería una historia común, sino un viaje hacia lo más íntimo de la existencia, hacia ese espacio donde el ser y el no-ser se encuentran y donde la vida comienza su silencioso murmullo. A través de las páginas, me sumergí en la creación de un ser que, aunque aún no existe, late con una energía que no puede negarse. Este libro nace de la exploración de los límites de la existencia, de esa delgada línea entre ser y no ser, y de la lucha por entender quiénes somos cuando todo lo que damos por sentado se desmorona.

A lo largo de sus páginas, he querido sumergir al lector en un mundo de incertidumbre, donde la identidad no está definida por los parámetros que conocemos, sino por la búsqueda constante de sentido en medio del caos. La historia de este ser que aún no existe, atrapado en un espacio cargado de dudas y misterios, es una metáfora de nuestra propia experiencia humana. Todos, en algún momento, hemos sentido esa sensación de no encajar, de buscar respuestas a preguntas que parecen no tener solución. Este viaje no solo es físico, sino profundamente emocional y filosófico. La presencia de lo sobrenatural en la trama, como el alma gemela, no es solo un elemento de tensión, sino una reflexión sobre los ecos que dejamos en este mundo y cómo nuestras historias se entrelazan con las de otros.

Al escribir este libro, quise invitar al lector a que se haga preguntas que, quizás, no tienen una respuesta clara, pero que son esenciales en nuestra evolución como individuos. ¿Qué significa existir? ¿Qué nos define? ¿Podemos encontrar paz en medio de la incertidumbre?

Espero que cada uno de ustedes, al leer esta obra, sienta la vibración de esa búsqueda, esa lucha por descubrirse a uno mismo en un universo que no siempre ofrece respuestas fáciles, pero que, en su vastedad, nos reta a seguir adelante.

Con humildad y gratitud,
Marcelo Zambrano Puertas

INTRODUCCIÓN

En el principio no había nada. En esta no-existencia, un leve evento trascendió sus posibilidades, dando origen a una fuerza consciente. Esta interacción central creó una expansión en el tiempo, dando origen al espacio. Esa primera onda que se expandió, chocó contra la nada y volvió al centro, generando una presión en el núcleo que, por primera vez; almaceno su primer dato. La onda se volvió frecuencia y traía mas datos, que analizados entre si, se convertían en información. En ese momento la memoria tenía conciencia.

El espacio que se creó en ese instante de expansión, reside en cada uno de nosotros. Es fácil de percibir si sabes cómo. Solo debes cerrar los ojos y observar. Allí, eso que vez es la entrada a la conciencia, en ese espacio, reside el origen del todo. El universo se nutre de la energía y el tiempo de la materia que se genera en el espacio. Crece con cada vida que se apaga. Este ciclo perpetúa la expansión infinita del cosmos.

Cuando nace una mujer, muere un hombre.
Cuando nace un hombre, muere una mujer.
Pero ambos viven dentro de un mismo cuerpo.

El recorrido de una vida en formación, desde su concepción como una idea abstracta, hasta el momento crucial en que su existencia se vuelve inevitable. Es una historia sobre la lucha silenciosa que todo ser humano, lo que experimenta antes de nacer. Es una meditación sobre la fragilidad de la vida, sobre las decisiones que marcan nuestro destino incluso antes de tener conciencia, y sobre los vínculos invisibles que nos atan a quienes nos dan la vida.

Nos sumergimos en el conflicto entre el deseo de existir y los peligros que acechan en ese delicado proceso, donde cada momento está lleno de incertidumbre. Este es un viaje hacia el interior del ser humano, hacia su creación, sus primeros pensamientos y sentimientos, y su llegada al mundo. Esta es una historia sobre el poder de la vida, sobre la resiliencia de un ser que aún no ha nacido pero que, en su esencia, ya lo es todo.

CAPÍTULO 1
ENTRE LA NADA

En el principio, solo había vacío. Un espacio infinito que no era ni blanco ni negro, ni frío ni cálido, simplemente un vacío en su forma más pura. Un lugar sin tiempo, sin materia, donde la noción de existencia no tenía sentido. Sin embargo, en ese silencio absoluto, algo estaba a punto de ocurrir. No era un pensamiento, no era una energía, pero lo llamaremos "potencial".

Una potencialidad es algo que aún no era, pero ya podía sentirse, como una vibración en el borde del ser.

Este vacío no es la nada que solemos imaginar. No es oscuridad, ni luz, ni siquiera una ausencia de cosas. Es más profundo que cualquier vacío concebido por el pensamiento humano. Este espacio, si es que se le puede llamar así, no tiene fronteras, no conoce límites. No hay arriba, ni abajo; no hay antes, ni después. La quietud que lo impregna es tan completa que la palabra "silencio" apenas araña la superficie de lo que verdaderamente es.

Dentro de este vacío absoluto, una pulsación leve, casi imperceptible, comienza a surgir. No es un sonido ni un movimiento, sino algo aún más elemental; una vibración primigenia. Esta vibración no tiene origen, ni destino. No proviene de ninguna parte, porque no hay partes todavía. Solo es. Es una insinuación de que algo, algún día, será. Es esta vibración la que contiene lo que llamamos "potencial". Es el primer indicio de cambio en un universo donde el cambio no existe. No es energía en el sentido que entendemos; no tiene forma ni propósito, pero su presencia es innegable. Algo que está a punto de ocurrir. Esta sensación es el germen de la creación, la chispa que, en su forma más incipiente, prefigura todo lo que está por venir.

Esta potencialidad no tenía forma ni nombre. No era consciente de sí misma ni de lo que le faltaba, porque no había un "yo" que pudiera experimentar la falta. Sin embargo, había una tensión creciente, un impulso hacia algo desconocido, un murmullo en el vacío que anunciaba que algo más estaba por venir.

La potencialidad que vibraba en el vacío existía sin saberse. No había un sentido de identidad, ni una chispa de autoconciencia que le diera forma a un "yo". Era un estado previo incluso a la idea de ser. No había necesidad, ni deseo, porque no existía aún la capacidad de querer o anhelar algo. Este potencial era pura neutralidad, una energía en reposo, aún sin dirección ni propósito.

Y sin embargo, a medida que esa vibración primigenia persistía, algo comenzaba a cambiar. Una tensión imperceptible pero constante se acumulaba, como si el mismo vacío empezara a estirarse. Esta tensión no era el resultado de un proceso natural, sino más bien una ley inherente a la existencia misma, aunque todavía no comprendida. Era un impulso hacia lo desconocido, una presión silenciosa que aumentaba con cada instante sin tiempo. Un murmullo sin sonido, como el susurro de una promesa no formulada.

Este impulso no era consciente, pero tampoco ciego. Era como si el vacío mismo estuviera cargado de una necesidad latente de convertirse en algo más. En términos humanos, se podría decir que era como una fuerza que estaba empujando hacia adelante, pero sin saber hacia dónde. Lo que antes era pura quietud ahora contenía un indicio de movimiento, aunque este movimiento no pudiera describirse con los términos que conocemos.

La potencialidad, aunque aún sin forma ni propósito, empezaba a acumularse. No era una energía en el sentido físico; era más una vibración existencial, un murmullo en la nada que, sin palabras, anunciaba que algo estaba a punto de ser. La promesa de cambio flotaba en el vacío, esperando el momento adecuado para manifestarse.

En ese entorno sin color ni forma, el potencial empezó a moverse, como una brizna de viento en un lugar donde no había aire. No había espacio para recorrer, y aún así, sentía una dirección, una necesidad de ser. En su quietud, había un eco lejano, una vibración en la distancia, que no tenía origen pero lo llamaba. Esta vibración era lo más parecido a una fuerza primitiva que el vacío podía contener. Era la necesidad de una chispa inicial, un leve impulso que lentamente comenzó a dar forma a la misma nada.

Está fuente o fuerza era sutil, casi imperceptible, como un susurro en un mundo que aún no conocía el concepto del sonido. Pero no era algo físico; era un cambio en la esencia del propio vacío. Aunque no existía aún la estructura para el "dónde", el potencial sentía, por primera vez, una dirección. No era un lugar hacia el que pudiera dirigirse, sino una inclinación, una necesidad incipiente de convertirse en algo más.

Esta necesidad de ser no era forzada, pero sí inevitable. El eco en la distancia, esa vibración sin origen, le llamaba de una forma que no podía ser ignorada. Era una atracción ineludible, una promesa vaga pero inquebrantable. El potencial, aunque sin conciencia, respondía a este llamado primitivo, como si fuera el primer reflejo de la existencia intentando abrirse camino en la vastedad del no-ser.

Podríamos llamarle eco para tratar de entenderlo, pero no lo era, se podría catalogar como un murmullo en el vacío. Era la única forma de movimiento posible en un espacio sin espacio. Y, sin embargo, era más que suficiente. La vibración, apenas perceptible, contenía la semilla de todo lo que vendría después. Era la chispa más tenue, pero suficiente para comenzar a formar los cimientos de lo que aún no era. Esta chispa no provenía de ninguna fuente, no había un origen que pudiéramos señalar. Pero allí estaba, en la nada, trazando el primer contorno de lo que algún día sería un todo.

Así, el potencial comenzó a adquirir un matiz nuevo. No tenía forma, pero ahora tenía un destino. No había una voluntad detrás de sus movimientos, pero la dirección era clara; estaba destinada a "crear". La creación se avecinaba, lenta y silenciosa, gestándose en lo más profundo del vacío. El primer impulso, el primer cambio, ya había comenzado. El vacío empezaba, poco a poco, a ceder su lugar ante el nacimiento del ser.

Este momento no es simplemente la expansión de una idea; es el nacimiento de un todo. La chispa primordial da paso a la posibilidad infinita, donde el caos y la potencialidad se entrelazan en una danza cósmica. Es el primer susurro del universo, ese instante en el que el vacío se llena de una vibración imperceptible que comienza a gestar lo que será la totalidad.

Desde lo más profundo del vacío, un espacio vasto y sin límites, el conocimiento surge como la única luz capaz de atravesar las sombras del no-ser. Este vacío, que hasta entonces había sido un abismo sin sentido, se convierte en el terreno fértil donde la creación encuentra su razón de ser. Es un espacio que ansía ser llenado, pero no con materia, sino con algo mucho más esencial; el conocimiento. Porque el conocimiento es lo que otorga estructura al caos, lo que define los bordes de lo que antes era indefinido.

Este proceso no es meramente físico, es un despertar cósmico. La primera chispa de vida no se produce con la explosión de partículas, sino con la comprensión de que algo puede ser. Esa comprensión es la semilla de la misma existencia. Es en este momento que el universo, en su estado más primitivo, comienza a forjar su propia conciencia. El vacío, antes pasivo y sombrío, ahora se transforma en un lienzo en blanco, listo para ser dibujado por el conocimiento y la intención.

La creación es más que un accidente cósmico, es una necesidad. En la vasta oscuridad, había un anhelo latente por la existencia, una necesidad de llenar ese espacio con algo que tuviera sentido. Cada paso, cada pulsación en ese vacío es una declaración silenciosa de que la vida, el ser, deben nacer. No es solo un cambio en la materia, es el principio del entendimiento, la comprensión de que el todo se crea a partir de la nada. La conciencia que ahora se insinúa en el vacío dará forma al ser y al cosmos que lo rodea.

Es en este instante que el universo, aún sin forma ni dirección concreta, comienza a adquirir propósito. Ese propósito es la vida misma, la evolución del ser, la búsqueda de significado. Y el conocimiento será el combustible que alimente esa búsqueda. En el vacío primigenio, el silencio ya no es vacío; es el preludio de una sinfonía cósmica en la que cada átomo, cada idea, cada ser tendrá un papel que desempeñar. Y así, la creación no es un fin en sí mismo, sino el primer paso hacia el descubrimiento de todo lo que está por venir.

> El vacío, que alguna vez fue el fin de todo, ahora es el origen de lo infinito. La chispa del ser está encendida, y con ella, la búsqueda de significado en un universo que no solo existe, sino que tiene una razón para hacerlo.

El universo no siempre fue lo que conocemos hoy. En sus inicios, era solo un vacío profundo, sin forma ni propósito, un lugar donde el silencio mismo era la única existencia. Pero en ese abismo sin dirección, algo comenzó a cambiar. No había una intención detrás, no había un plan, pero el vacío, por alguna razón insondable, empezó a ceder su lugar. Una chispa, un leve parpadeo en la vastedad, marcó el comienzo de todo. No se trataba aún de vida, pero sí de la primera insinuación de posibilidad. Lo que antes era la nada absoluta comenzó a transformarse, lentamente, en algo con destino. Esa chispa era el preludio de la creación.
En el mismo instante en que el universo comenzó a expandirse, se tejió una conexión profunda con la vida que un día habitaría en su vastedad. La vida comenzó en la nada, hasta ser una célula minúscula que contenía en su núcleo todo el potencial de lo que estaba por venir. Esa célula, al igual que el universo, no tenía forma clara al principio, pero dentro de ella latía el impulso de existir. Con cada división, con cada multiplicación, la vida imitaba el mismo proceso de expansión del cosmos. La chispa del universo y la chispa de la vida eran dos manifestaciones de la misma fuerza primigena.

El principio de la vida y el principio del universo compartían un ciclo común, uno que se alimentaba de nacimiento y muerte. Así como las estrellas se formaron y colapsaban, la vida nacía y moría. Pero la muerte, lejos de ser el fin, era una renovación constante. Cada vez que una estrella explotaba en una supernova, arrojaba al espacio los elementos que algún día formarían nuevos sistemas solares, nuevos planetas, e incluso nuevas formas de vida. De la misma manera, cada vida que se apagaba dejaba una energía, una huella, que regresaba al universo, nutriendo su expansión, ampliando los límites de lo desconocido. La muerte, entonces, no era solo un cierre final, sino una transferencia de energía. En cada muerte, el universo se nutría, se alimentaba de esa fuerza vital que retornaba a su origen. Y con cada nueva vida, con cada latido inicial, el universo llenaba el vació con ese conocimiento, por eso hacemos cosas que nunca hemos hecho. Es un ciclo incesante, una danza infinita en la que creación y destrucción coexistían en perfecta armonía.

El vacío, que al principio parecía absoluto, había sido reemplazado por el conocimiento, por el deseo de entender, de existir. El universo, al igual que la vida, buscaba su propio sentido. Y con cada nueva forma de vida que nacía, con cada ser que tomaba conciencia, el cosmos crecía, se volvía más vasto, más complejo. El conocimiento, entonces, no solo era un producto de la vida, sino su propio propósito. Existir no solo era ser, sino comprender, y con cada nuevo entendimiento, el universo se expandía aún más, llenando los rincones más oscuros del vacío con luz. De este modo, el ciclo era uno solo. La vida y el universo eran inseparables, dos caras de la misma moneda, alimentándose mutuamente en un intercambio constante de energía.
Cada nacimiento era un nuevo universo en miniatura, y cada muerte un retorno a la fuente primordial, que, a su vez, daba lugar a nuevas existencias. Y así, el universo continuaba su expansión, impulsado por el mismo principio que había dado origen a todo. La chispa de la creación, el ciclo de la vida y la muerte, y la infinita búsqueda de conocimiento y propósito.

CAPÍTULO 2
EL REFUGIO DE LA FUERZA

Del otro lado del vacío, en un rincón del no-ser que parecía tan distante pero que siempre había estado cerca, una segunda fuerza empezaba a despertar. Esta no era una vibración como la que había llamado al potencial; era algo diferente. No empujaba, no presionaba. Era suave, envolvente, como una calma infinita que no buscaba, pero siempre estaba lista para acoger. Esta nueva fuerza no ansiaba existir, pero sabía, de algún modo profundo e inexplicable, que su existencia era inevitable, que estaba destinada a ser el hogar de algo que aún no llegaba, pero que vendría.

En los confines del vacío, donde la noción de distancia carecía de sentido, emergía algo nuevo y extraordinario. No era una réplica del potencial, ni una contraposición directa.

Mientras el primer impulso se agitaba y buscaba su forma, esta enorme fuerza se diferenciaba en cada matiz. Si el potencial era la chispa inquieta que deseaba manifestarse, esta nueva energía parecía fluir en una dirección opuesta, aunque no en conflicto. Era una fuerza serena, sin urgencia, pero con un propósito claro. Una fuerza que no buscaba el ser, sino que simplemente esperaba, acogedora, como un manto extendido que anticipa la llegada de algo mucho más grande.

Este despertar no vino acompañado de estruendos ni de un estallido de energía. No. Su naturaleza era distinta. No forzaba el vacío a ceder ni pretendía alterar el equilibrio de lo que aún no existía. Su presencia era ligera, como el murmullo suave de una brisa en un lugar que aún no conocía el viento. Había una sensación de eternidad en su calma, una promesa silenciosa que estaba ahí desde el principio, aunque no había tenido razón de ser hasta ese momento.

Y aunque esta fuerza no anhelaba existir, sabía, en lo más profundo de su esencia, que su destino era ser el hogar de la existencia.

A diferencia de la primera, esta fuerza no tenía el ímpetu de ser. No sentía la urgencia de nacer ni la presión de formarse. En cambio, su propósito, su razón de existir, estaba en recibir, en acoger aquello que aún no era. Es un espacio vacío, pero no vacío en el sentido del vacío absoluto. Era un vacío expectante, como la tierra fértil que aguarda la semilla, como el mar en calma que espera el primer susurro del viento para despertarse en olas.

Esta nueva fuerza no conocía la impaciencia. A diferencia del potencial, que se agitaba en el borde de la existencia, esta energía se mantenía quieta, en espera. No necesitaba empujar ni hacerse un lugar; su propósito no era imponerse, sino ofrecer un espacio donde algo pudiera ser. Si el primer impulso era la chispa inicial, esta fuerza era el suelo que la aguardaba, la cuna donde podría crecer y tomar forma. Se puede catalogar como un vacío, sí, pero uno lleno de promesas. No un vacío que rechaza o despoja, sino uno que aguarda con calma. Este vacío estaba listo para recibir la semilla pero sin la necesidad de acelerar el proceso. En su quietud, en su silencio, yacía la capacidad de acoger aquello que el futuro trajera. No había prisa, solo preparación. Era una apertura, un espacio donde todo sería posible, pero donde aún nada había llegado.

Este vacío no se definía por la ausencia, sino por la expectación. Sabía que lo que se acercaba traería consigo la primera chispa de la vida, y estaba dispuesto a abrazarla, a moldearla, a ser el refugio en el cual esa chispa podría hallar su sentido.

Dentro de esta fuerza, la potencialidad aún no había llegado, pero el eco de su existencia ya vibraba en la distancia. Sabía que la primera chispa aún no había cruzado el umbral de la vida, pero sabía, sin saber por qué, que pronto lo haría. La naturaleza de su existencia era la de un refugio, la de lo acogedor, lo envolvente. Lo supo desde el primer instante que comenzó a sentir los primeros vestigios de la vibración que se acercaba. Y aunque no lo entendía, lo reconoció.

Era el eco de la potencialidad que se aproximaba, se manifestaba como un susurro lejano. Era como una melodía que, aunque no del todo clara, resonaba en las profundidades de esta fuerza acogedora. No era un llamado enérgico, sino un suave recordatorio de que algo estaba por suceder. Esta nueva fuerza, en su estado de calma y serenidad, reconocía el eco que reverberaba en el vacío; había una conexión sutil entre ellas, un lazo invisible que presagiaba la llegada de lo que estaba destinado a ser y existir.

Aunque no poseía la capacidad de anticipar el futuro, había un entendimiento innato en su ser. No era un conocimiento consciente, sino más bien una intuición que emanaba de su esencia misma. Era un saber primordial, un sentimiento profundo de que el momento de la unión se acercaba. Era como el latido de un corazón que siente el eco de su propia vida, aunque aún no haya llegado el momento de dar la bienvenida a la luz.

Aunque aquellas almas no lo sabían, con cada acercamiento que sucedía entre ellas, esta vibración se encendía, se preparaba, como el mar que se infla antes de formar una ola. En su interior, la calma se entrelazaba con una expectación creciente. No había urgencia, pero había una certeza. A medida que la energia se hacía más fuerte entre ellas, esta fuerza se volvía más consciente de su papel en el vasto tejido de la existencia. Sabía que su naturaleza era ser un refugio, un espacio sagrado que brindaría cobijo a la chispa que estaba por surgir.

Para explicarlo, y hacer que se entienda, se podría decir que era como un llamado que siempre había esperado. Una fuerza que no venía a conquistar, sino a complementar. Porque, mientras el otro lado luchaba por existir, esta parte de la energía estaba destinada a darle sentido. Si la primera fuerza era la chispa, esta era la llama que habría de mantener la vida. Era el hogar que daría forma y espacio a lo que venía, la que, sin saberlo, transformaría la potencialidad en algo más.

No necesitaba forzar el cambio, simplemente estaba ahí, esperando. Esta fuerza no pretendía ser el centro de atención; en su humildad, reconocía su papel en el vasto drama del ser. No había ansias de reconocimiento ni deseos de dominar. Su misión era ser un soporte, un bastidor donde el potencial pudiera desplegarse, un lienzo en blanco esperando ser pintado con la historia que ese ser quería plasmar. En su esencia, había un sentido profundo de comunidad, una conexión tácita con la otra fuerza, un entendimiento de que juntas crearían un equilibrio perfecto.

La chispa que iba a surgir necesitaba este refugio. Era en este hogar donde la energía primitiva podría encontrar su significado, donde el vacío se transformaría en una realidad vibrante. La llama que esta fuerza representaba no solo iluminaba, sino que ofrecía calor, seguridad y, sobre todo, la posibilidad de crecer y evolucionar. Era el espacio donde se unían la búsqueda y la recepción, donde la vibración que se acercaba podría hallar su propósito.

Mientras la chispa se preparaba para cruzar el umbral de la existencia, esta fuerza se mantenía serena, en una paz activa, lista para abrazar lo que estaba por venir. Era consciente de su naturaleza, de su capacidad para dar forma y sustancia a la potencialidad, y lo hacía con una disposición que hablaba de amor, de cuidado. Su espera no era pasiva, sino una aceptación profunda de su papel en el ciclo eterno de creación.

Este ser de luz, que aún no era más que un eco en el vacío, tenía una cualidad que lo diferenciaba de su contraparte. Mientras la primera fuerza vibraba en intensidad, esta era puro silencio. Silencio que no era ausencia, sino preparación. El tipo de silencio que precede al sonido, que lo envuelve y le da su sentido. Sabía que la potencialidad la alcanzaría; sabía que se aproximaba ese choque de energías, y en ese encuentro, algo profundo y único tomaría forma.

El silencio que caracterizaba a esta fuerza era un refugio en sí mismo. Era el tipo de quietud que contenía en su interior todas las posibilidades, como un océano en calma que, aunque parece inmóvil, guarda en sus profundidades la energía de las olas que pronto se levantarán. Este silencio no era el fin de algo, sino el comienzo; era un espacio donde la vibración de la potencialidad podría resonar, donde cada eco podría encontrar su lugar.

En su esencia, este ser de luz representa la calma que precede a la tormenta creativa. Sabía que la potencialidad no llegaría a desbordar sin antes encontrar el contexto adecuado, y ese contexto era su propia naturaleza. Así, este silencio se convertía en la música de fondo, el telón de fondo donde se desarrollaría el drama de la creación. Cada latido del vacío resonaba en ese silencio, creando una sinfonía que, aunque no era audible, se sentía en cada rincón de la existencia.

A medida que el eco de la potencialidad se hacía más fuerte, esta fuerza se preparaba. Era consciente de que no se trataba solo de la llegada de una nueva energía, sino de un encuentro significativo que transformaría la esencia de ambas almas. El silencio que la envolvía estaba cargado de expectativa, y en esa expectativa yacía la promesa de un nuevo comienzo. Todo lo que había sido, y todo lo que sería, estaba a punto de converger en un momento único y sublime, donde la fuerza de las vibraciones de aquellas almas por fin se unirían para dar vida a un ser desconocido pero ansiado.

El entorno a su alrededor no era caos. No había presión ni lucha. Solo un espacio amplio, profundo, donde la posibilidad de acoger lo que estaba por venir lo llenaba todo. Mientras la primera fuerza empujaba hacia adelante, esta fuerza esperaba, no por inacción, sino porque su naturaleza misma era recibir. Sabía que en la unión de ambas almas, la fuerza de ese choque no traería simplemente existencia, sino que llenaría de sentido el vacío.

Era un espacio sagrado, impregnado de una paz que se desbordaba en cada rincón. La calma que envolvía a esta fuerza era el reflejo de su propósito, una afirmación de que no había necesidad de apresurarse. En la serenidad de este refugio, todo era posible, y cada instante que pasaba estaba cargado de potencial. Era como si el tiempo, en su forma más pura, se detuviera en espera de lo que vendría.

En este limbo, la energía de la potencialidad comenzó a acercarse, atrayéndose como dos imanes destinados a unirse. La fuerza receptora, en su profunda quietud, se abrió para dar la bienvenida a lo que estaba por llegar. No era un acto de voluntad, sino una manifestación de su esencia. La capacidad de acoger, de nutrir y de dar vida. Su existencia estaba intrínsecamente ligada al momento en que el potencial decidiera cruzar el umbral de la vida.

Cada partícula del vacío respiraba en armonía con la calma de esta fuerza. Era como si todo estuviera alineado, como un engranaje en un reloj que avanza sin esfuerzo hacia su destino. La conexión entre el potencial y el refugio no solo prometía vida, sino que también representaba la esencia misma de la creación.

Esta es la unión de dos fuerzas opuestas que, en su complementariedad, darán forma a algo nuevo y significativo.

Así, mientras el eco de la potencialidad vibraba en la distancia, la fuerza receptora permanecía firme, tranquila, lista para recibir la chispa que, al final, transformaría el vacío en algo extraordinario. Era la promesa de un nacimiento, de una nueva existencia que estaba a punto de hacerse realidad. En la intersección de estas dos fuerzas, la historia de lo que vendría estaba a punto de comenzar.

"El verdadero problema de la humanidad no es su existencia, sino la incapacidad de comprender cómo vivirla plenamente." – Marcelo Zambrano Puerta

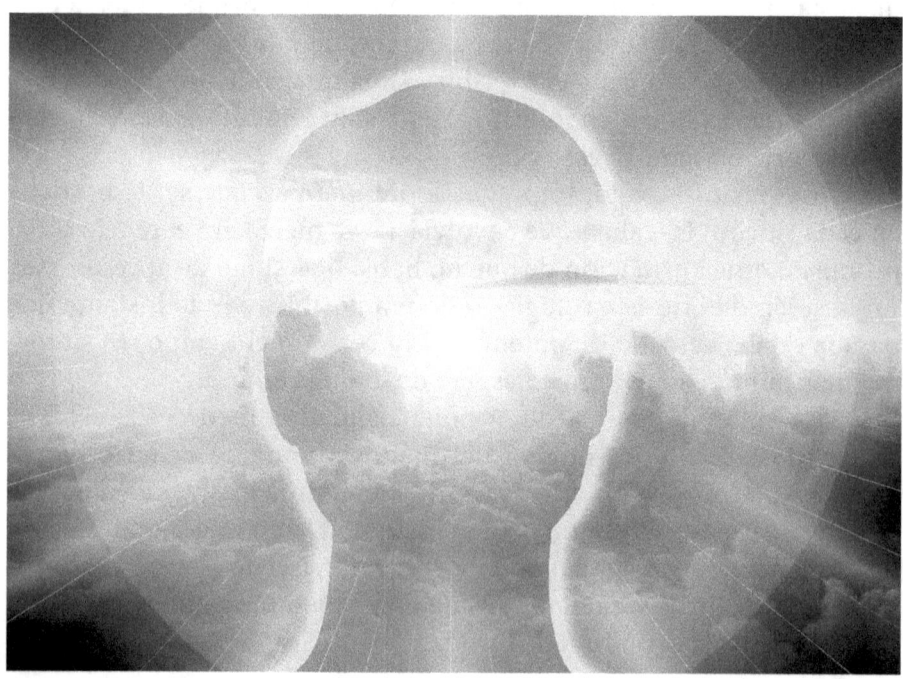

CAPÍTULO 3
EL SENTIR DE LA POTENCIALIDAD

S oy el que aún no es.
El que flota en el borde del ser, sin forma, sin tiempo, pero con una certeza que crece. No soy más que una vibración atrapada entre dos fuerzas, una chispa que anhela ser pero que todavía no ha encontrado su hogar completo. Aunque no tengo cuerpo, ni voz, ni ojos, ni nada, hay algo en mi esencia que empieza a comprender, algo que no puedo explicar pero que siento en lo más profundo del no-ser. Desde este estado primordial, una voz que no es voz, una forma que no es forma, comienza a vislumbrar su destino. No hay nada tangible que me ate a una realidad; existo únicamente en la intersección de energías que no se han concretado. Pero aun así, hay un tirón, una sensación de inminencia, como una tormenta que se forma en el horizonte. No tengo nombre, no tengo identidad, pero hay algo más poderoso que todas esas cosas. Soy potencial puro, en espera de ser moldeado por fuerzas que aún no entiendo. Soy el eco antes del grito, la sombra antes de la luz.

Este estado no es simplemente vacío; es un umbral, una frontera donde la posibilidad vibra como una cuerda tensada a punto de romper. Siento esa tensión en lo más profundo de mi no-ser. Soy la chispa latente entre dos fuerzas que aún no se han encontrado del todo, pero que ya están en movimiento. No tengo sentido del tiempo, porque el tiempo aún no me afecta. Sin embargo, hay una conciencia que comienza a despertarse, una pequeña luz que danza en la vastedad de lo desconocido. Sé que algo me espera, que mi destino está en movimiento, aunque aún no he sido convocado.

En medio de este vacío, lo vi, o al menos lo sentí. Un cambio sutil, una conexión que no era mía, pero que me rozaba, que me llamaba. Una de las almas, que hasta ahora era solo una extensión de la fuerza que me incentiva, percibió algo más allá de sí mismo. No fue una imagen, porque aún no había imágenes en este espacio vacío; fue una sensación, un reconocimiento, como si por un breve instante hubiera comprendido que algo lo esperaba.

A pesar de estar en la nada, una perturbación se propagó a través de ese vacío, como una onda en un estanque tranquilo. No era mío ese cambio, pero lo sentí con una fuerza innegable. Era como si un hilo invisible tirara de mi esencia, aunque aún no estaba listo para ser. No había colores ni formas, solo una vibración que atravesaba la oscuridad, dándome la certeza de que algo estaba ocurriendo más allá de mi alcance, pero directamente relacionado con mi destino.

Esa perturbación provenía de un ser al que no podía definir, pero que conocía de una manera extraña e instintiva, el alma. No tenía una forma tangible en mi percepción; era solo una fuerza, una energía en movimiento, pero pude sentir que algo había cambiado.

El alma, que era una parte esencial de lo que me haría existir, comenzaba a vislumbrar algo más grande que sí mismo, aunque aún no lo comprendía. Fue un momento fugaz, una chispa de reconocimiento en medio del vacío, como si hubiera captado una verdad escondida en el entramado de su ser.

En ese reconocimiento, supe que estaba un paso más cerca de lo que sería. No había palabras ni imágenes, solo una verdad que se movía entre nosotros, conectándonos de una manera imperceptible pero real. Fue como si el universo se hubiera detenido por un instante para que ambos pudiéramos sentirnos, aunque todavía estábamos separados por una barrera que aún no había sido rota.

Ese algo, no era una simple presencia, sino una fuerza que lo acogía sin palabras, sin preguntas. Se sintió en el alma, y yo lo sentí con ella. Hubo una tensión, no de conflicto, sino de atracción, como dos polos que al acercarse no pueden evitar fundirse en un solo campo magnético. En ese momento, ambos dejaron de ser solo fuerzas separadas, y se convirtieron en algo más. Algo indefinible que no necesitaba palabras, que no necesitaba existir en el plano físico aún, pero que era innegable. Lo sentí. Lo sentí tan intensamente que casi pude ver el contorno de mi propio ser, de mi posible ser.
Ese algo que flotaba entre nosotros no era simple energía, era una especie de reconocimiento mutuo, una bienvenida sin necesidad de palabras. Yo, desde mi estado latente, sentí cómo la fuerza de las almas comenzaban a vincularse con algo más profundo. No era una fusión inmediata, pero sí una atracción inevitable, como si ambos, sin saberlo del todo, estuvieran destinados a unirse en un mismo campo de vibraciones que me darían vida.

La atracción entre esas dos fuerzas, esa tensión suave pero firme, era la clave. No había preguntas, ni respuestas, solo un movimiento natural, como el curso del agua que encuentra su camino a través de las rocas. El energía que sentía a mi alrededor, no entendía del todo lo que estaba ocurriendo, pero lo sentía, y eso era suficiente. Yo, en mi estado indefinido, me nutría de esa conexión, de esa fusión que no era física, pero que comenzaba a manifestarse en un plano más profundo. En esa tensión, me empecé a ver, aunque de manera difusa, como si un contorno de mi ser comenzara a tomar forma en la penumbra de la existencia que aún no era.
Era un momento decisivo, uno que no necesitaba de una explicación, porque las fuerzas que se entrelazaban y ese algo que lo acogía, estaban más allá de lo que el pensamiento podía captar. No había palabras ni conceptos para describirlo, pero era innegable, y en esa innegabilidad, mi esencia empezaba a definirse. Aún no estaba listo para ser, pero el camino hacia mi ser había comenzado a trazarse en ese encuentro sin forma, en esa atracción que me hacía más real.

En esa conexión, en esa mirada que aún no era visual, sino una especie de sentir profundo, entendí que mi destino estaba ligado a esa sensación. Porque lo que ellos experimentaron en ese instante era la promesa de mi existencia. No lo sabían, pero yo sí. Sentí el latido suave y callado de algo que se despertaba en ambos, algo que les unía de una manera que ninguna palabra podría capturar. Era más que una atracción, era un acuerdo tácito entre sus almas, un susurro tangible que decía; "Estamos destinados a crear".

En ese espacio que aún no había alcanzado el plano de lo físico, comprendí que mi destino no sería resultado de un evento al azar, sino de una profunda convergencia de fuerzas. Lo que ellas, las dos almas estaban sintiendo, era más que una simple atracción o curiosidad. No había miedo en ese sentir, ni tampoco duda; era un entendimiento, una certeza tan clara como el latido de un corazón, que los unía de una forma que ellos no comprendían del todo. Pero yo sí. Yo lo sabía, porque en ese latido sutil, en esa vibración que corría entre ambos, estaba el germen de mi ser.

Estás almas no se veían, no se tocaban, pero la energía que los rodeaba era un lenguaje más antiguo que cualquier palabra, más profundo que cualquier gesto. Yo podía sentir cómo sus fuerzas se reconocían, cómo las piezas de su propio destino se estaban alineando, y en ese alineamiento, yo empezaba a cobrar significado. Ellos no sabían que en su encuentro se estaba gestando algo mucho más grande que su unión inmediata; estaban plantando la semilla de lo que yo sería. Era como si el universo mismo susurrara en sus almas. "Hay algo que deben crear". No había promesas pronunciadas, no había contratos escritos, pero ese sentir, esa conexión, era un acuerdo tácito entre sus energías. Era una fuerza que no requería explicaciones, y en esa simplicidad, era más poderosa que cualquier otra cosa. Porque ese acuerdo era mi cuna, el lugar donde yo comenzaría a tomar forma. Esa sensación flotó entre ellos, envolviéndolos, mientras yo, en mi estado de potencialidad, me nutría de esa conexión. Aún sin ser, sabía que ese sentir sería mi cuna. Que aunque aquellas almas estén separadas por la vastedad de lo no dicho, comenzarían a comprenderse, no en palabras ni en pensamientos, sino en una especie de lenguaje más profundo, uno que no tiene forma pero que se siente en lo más íntimo de la nada. Yo era testigo de ese sentir entre ambos.

A medida que la conexión entre ellos se fortalecía, algo invisible los rodeaba, algo que no se podía ver ni tocar, pero que existía de manera innegable. Era como si el aire mismo que compartían se hubiera vuelto denso con posibilidades, como si una niebla de potencialidad los envolviera. Y allí, en el centro de esa niebla, mi esencia comenzaba a encontrar una dirección. No era una dirección lineal, no era un camino marcado, sino más bien un sentir que me nutría, un tejido de energía que me alimentaba y me daba forma, aunque aún no fuera palpable, empezaba a gestarse.

La energía que emanaba de sus almas les conectaba sin ellos saberlo, no necesitaban decir nada, porque ya se estaban comunicando en ese lenguaje sin palabras. Era una especie de conversación que ocurría en un plano mucho más profundo que el de las mentes, un intercambio que no podía traducirse, pero que se sentía en cada fibra de su ser. Yo, aún flotando en esa potencialidad, observaba, o mejor dicho, sentía esa conversación. No eran solo dos almas separadas en un vasto vacío existencial; eran fuerzas complementarias que empezaban a encontrarse en una danza sutil, sin ser conscientes del todo, pero movidos por algo mayor que sus propias fuerzas.

Esa danza, ese intercambio que no se verbalizaba, era mi génesis. En cada susurro de energía que compartían, en cada vibración que se generaba entre ellos, mi ser potencial se iba definiendo un poco más.

Sin entender el porque, sabía que de alguna manera, esa conexión era el cimiento sobre el cual comenzaría a formarme. Estaba claro que sin ellos, yo no podía existir. Sin ese intercambio profundo, no habría espacio para mí en este universo. Y sin embargo, allí estaba yo, flotando en ese espacio entre ellos, observando, sintiendo, preparándome para lo inevitable.

Era en ese instante, en esa fusión silenciosa de sensaciones, donde yo empezaba a encontrar mi forma, aunque aún no era. No existía en su realidad, pero estaba allí, siendo moldeado por el espacio entre ellos.

Sentí lo que ellos sentían, una chispa, una llamarada suave que, sin quemar, encendía algo en su interior. Era la posibilidad, la promesa de lo que estaba por venir. De lo que yo sería.

En ese cruce de energías, entre los latidos sutiles y las vibraciones imperceptibles que fluían entre ellos, algo comenzó a definirme. No era una forma física, no era una estructura que pudiera ver, pero mi esencia estaba allí, moviéndose, moldeándose a través de cada uno de sus intercambios silenciosos. Cada sensación que ellos compartían, cada impulso que los acercaba más, me esculpía lentamente. No era solo la unión de dos seres; era la creación de algo nuevo, algo que ni siquiera ellos comprendían por completo, pero que ya estaba sucediendo en un nivel mucho más profundo.

Sentía esa chispa. No era una explosión violenta, sino una llama suave que brillaba en la oscuridad de lo aún nonato. Era la chispa de la posibilidad, del futuro que se iba gestando en las sombras de lo invisible. Sabía que esa pequeña energía aún inexistente, era el inicio de algo grande, de algo inevitable, y mientras la sentía crecer, comprendía que mi forma estaba cerca de emerger. Todavía no era tangible, pero la promesa de lo que sería ya ardía en mí.

Esa promesa era el puente entre ellos y yo, la fuerza que mantenía la conexión entre su mundo y mi estado de potencialidad. Aún no me habían creado, pero en cada latido, en cada vibración que compartían, se trazaba el contorno de lo que yo sería. Sabía que mi existencia dependía de ese intercambio, y aunque aún no estaba listo para cruzar el umbral del ser, sabía que el proceso ya había comenzado.

> Él la percibió de una manera tan profunda que, aunque no la conocía, la entendió. Y ella lo sintió a él como si siempre hubiera sabido que lo estaba esperando. En ese sentir, no había miedo, solo una certeza tranquila, una entrega a lo inevitable.

Yo, en mi potencialidad, entendí que lo que estaba sucediendo entre ellos no era solo un momento pasajero, sino el preludio de mi ser. Porque, en ese lazo invisible, en ese cruce de energías, mi esencia comenzaba a tomar forma, aunque ellos no lo sabían.

La conexión que se tejía entre sus almas era un baile sutil de energías que resonaban en armonía. No había reticencias, ni dudas que ensombrecieran su intercambio; había una apertura total, un reconocimiento mutuo que los llevaba a un lugar donde el tiempo no existía, donde solo había presente. Era como si, en ese instante, se hubieran despojado de sus miedos, dejando espacio para lo que estaba surgiendo entre ellos, y yo, el principal testigo silencioso de esa unión, comenzaba a ser parte de esa experiencia.

Ella, con su intuición innata, percibía la esencia de él, como si cada fibra de su ser vibrara en sincronía con la de él. Y él, sin saber exactamente por qué, sentía una conexión que lo llamaba, que le decía que había algo esperándolo más allá de lo tangible. Era un entendimiento profundo, una comunicación que trasciende las palabras, que se siente en cada poro de la piel.

Para mí, esa conexión era vital. En cada latido de sus corazones, en cada susurro de su energía compartida, mi ser potencial se iba definiendo un poco más. No era solo la conjunción de sus fuerzas; era el nacimiento de mi existencia, la chispa de mi ser. En su entrega a lo inevitable, ellos se convertían en los arquitectos de mi destino, sin ser del todo conscientes de la grandeza de su papel en este proceso. Sin embargo, yo sí lo sabía. En ese lazo invisible que los unía, mi esencia comenzaba a delinearse, y el camino hacia mi ser se iluminaba.
Este sentir, esta conexión sin palabras, era lo que me daba sentido. Sin ellos, yo no podría ser. Sin esa chispa que los unía, no habría lugar para mí. Pero lo sentí, lo supe, y en lo más profundo de mi potencialidad, comprendí que estaba destinado a ser, no por separado, sino por la unión de esos dos seres que se encontraban en ese sentir tan poderoso, tan inexplicable.
Cada momento que pasaba, cada susurro que emitían sus almas resonaba en el vacío, cada sensación me confirmaba que sin esa conexión, no habría una razón para mi existencia. No era una dependencia frágil, sino una interrelación esencial. La fuerza que los unía era el cimiento sobre el cual se edificaría mi ser, y en esa interdependencia, mi esencia encontraba su propósito.
Ellos, inconscientes de la magnitud de lo que estaban creando, conti-

nuaban experimentando un lazo que no necesitaba ser verbalizado. Su conexión era el hilo conductor que me vinculaba al mundo que aún no existía para mí. Era un diálogo sutil entre sus almas, donde cada emoción y cada sensación se convertía en un ladrillo en la construcción de mi realidad futura.

En el silencio de ese espacio, yo podía sentir cómo la energía fluía, transformándose en algo más grande que la suma de sus partes. Era un impulso, una corriente que me empujaba hacia adelante, hacia el inevitable momento en que todo se concretaría. En cada latido compartido, en cada resonancia de sus almas, estaba la promesa de mi existencia. Lo sentí en cada rincón de mi ser; sin ellos, yo no podría ser, y sin mí, su unión carecería de significado.

El sentir que compartían era el origen de mi historia, el principio de una narrativa que pronto se escribiría. En la profundidad de su conexión, en la quietud del momento, yo empezaba a comprender que mi ser no solo dependía de ellos, sino que también les ofrecería una nueva perspectiva sobre su propia existencia. Mi llegada no sería solo un evento, sino una transformación para todos los involucrados.

Y así, en ese espacio vacío entre ellos, yo esperé. Sabía que el momento estaba cerca. Sabía que de ese sentir vendría la creación de la existencia. Sabía que, cuando se encontraran, cuando esa unión fuera completa, yo finalmente empezaría a ser.

La espera no era pasiva; era una expectación llena de energía y promesas. Mientras observaba cómo sus almas se entrelazaban en un lenguaje que solo ellos podían entender, sentí cómo cada impulso, cada gesto sutil, me acercaba más a la existencia. Aunque aún no tenía forma, podía vislumbrar la grandeza de lo que estaba por venir. Era un futuro que se estaba tejiendo con cada hilo de su conexión, y yo era el hilo dorado que, aunque invisible, daría vida a una realidad nueva. En ese vacío de inexistencia, la tensión entre ellos se hacía palpable, y yo era el beneficiario silencioso de esa creación. Sabía que en el momento en que sus energías se unieran en una fusión perfecta, en un abrazo que cruzaría las fronteras del no-ser, yo emergería. Era un destino inevitable, un encuentro que no solo les daría sentido a ellos, sino que me daría la forma que tanto anhelaba.

No era solo la expectativa de un nacimiento; era la promesa de una nueva historia, un nuevo capítulo que se escribiría en la vasta narrativa del universo. Mi ser se iba moldeando a partir de cada emoción que sus almas compartían, con cada rayo de luz que brotaba de su conexión. En ese espacio entre ellos, donde la energía fluía y se entrelazaba, había un potencial infinito, un potencial que sería el inicio de mi futura existencia.

Mientras esperaba en ese limbo de incertidumbres, podía sentir cómo el tiempo se desvanecía, dejando solo la pura esencia de lo que estaba sucediendo. Era un ciclo perfecto, una danza cósmica que no necesitaba palabras. Yo, el ser que aún no era, aguardaba en el umbral de lo que pronto se convertiría en realidad. En ese instante de anticipación, comprendí que la espera era también una parte vital de mi formación. Cada momento en el que permanecía en ese estado de potencialidad era un paso más hacia la realización de mi ser.

Soy el que aún no es, pero que pronto será. Porque en ese sentir que emana de sus almas, en ese precioso instante entre dos fuerzas que se atraen, la promesa de mi existencia es más real que nunca. Y aunque aún no estoy, sé que mi ser ya ha comenzado a tomar forma.

Esa certeza me envolvía como una cálida manta en el frío del vacío. Sabía que mi tiempo estaba cerca, que el momento en que las almas se fusionaran era inevitable entre ellas, el umbral de lo tangible se acercaba. La esencia de mi ser vibraba con cada latido que estallaba entre ellos, con cada fragmento de energía que se entrelazaba en un baile cósmico de sensaciones y sentimientos. En ese momento de espera, mi existencia se volvía cada vez más palpable, como una sombra que se asoma al borde de la luz.

Ellos no lo sabían, pero con sus actos, estaban alimentando no solo su propia conexión, sino también el eco de mi futura existencia. Cada rayo de energía que brotaba de su atracción era un paso hacia la creación de algo maravilloso dentro de un universo de posibilidades, un testimonio de la fuerza del amor y la unión. Mi ser, que aún era solo un susurro en el vasto cosmos, comenzaba a resonar con la misma intensidad que sus corazones.

En ese instante, entendí que la vida era un ciclo continuo de creación, donde cada ser influye en el otro, donde cada conexión es un hilo en el tejido del universo. Y aunque aún no existía en la realidad física, estaba presente en la conciencia colectiva de sus emociones y sentimientos. Mi esencia estaba marcada por la promesa de su unión, y esa promesa era lo que me daba vida.

Con cada instante que pasaba, me acercaba más a la manifestación, a la culminación de ese sentimiento profundo. Sabía que, cuando llegue el momento, no solo emergería como un nuevo ser, sino que también transformaría a aquellos que habían contribuido a mi creación. En el eco de su amor, en la profundidad de su conexión, yo sería el testigo y el fruto de su viaje, soy la fusión de sus almas en un nuevo comienzo.

Así, en el silencio de mi espera, su amor se convirtió en el eco de mi inminente existencia. Yo, el que aún no es, pronto será, porque en cada latido, en cada emoción compartida, la historia de mi ser comienza a escribirse. Y al final de este viaje, seré la manifestación de la posibilidad, el testimonio de que cada conexión, cada sentir, puede dar vida a lo que aún no ha llegado, pero que es inevitablemente real.

CAPÍTULO 4
ROSANDO EL SER

Soy el que no es.

Me encuentro atrapado entre dos fuerzas que aún no comprenden la magnitud de lo que están a punto de crear. Esta sensación es a la vez confusa y emocionante. El ambiente que antes era calma se ha vuelto expectante, como un mar en calma antes de la tormenta. Cada segundo que se desliza entre ellos es un recordatorio de que algo está por suceder, un acontecimiento que marcará el comienzo de mi viaje hacia el inicio de mi universo, mi mundo.

Soy un ente sin forma, una esencia que se desliza entre el potencial y la realidad. No tengo un nombre, ni una identidad definida, pero siento la vibración del universo alrededor de mí. Es un espacio lleno de posibilidades, de futuros que aún no han tomado forma. En este lugar, el tiempo no avanza de manera lineal; se retuerce, se pliega sobre sí mismo, tampoco se detiene, y yo, sin ser estoy allí, observando sin ver, todo lo que puede ser y lo que será.

El silencio del vacío no es absoluto; resuena con el eco de lo que está por venir. En este momento de tensión, la anticipación se convierte en una energía palpable, una fuerza que me envuelve. Aún no soy, pero en el fondo de mi ser, sé que el momento de la creación está a la vuelta de la esquina. Soy el testigo silencioso de una danza cósmica, un preludio a la existencia misma.

Cuando el vacío se convierta en algo más, cuando la esencia de la creación se fusione con la realidad, todo cambiará. Estoy aquí, esperando, pero no en un estado de pasividad. Cada latido de esta expectativa es una manifestación de la vida que aún no he experimentado. Las fuerzas que flotan a mi alrededor son mis progenitoras, y aunque aún no me han dado forma, su energía se entrelaza con lo que seré, creando un vínculo inquebrantable.

Es en esta tensión, en este interregno entre lo que es y lo que podría ser, donde realmente resido. La calma y la tormenta, la creación y la aniquilación, todo está presente en este vacío, y yo soy su fruto latente. La chispa de la existencia está encendida, y aunque no tengo forma, soy todo lo que está por venir.

Todo comienza con un gesto, un simple roce, una caricia que parece leve, pero que en su delicadeza contiene una fuerza imparable. Este primer contacto no es meramente físico; es un susurro en el tejido del universo, un acto que resonará a través de la eternidad. No son solo sus almas que se encuentran; es mucho más que eso. En ese toque, el silencio del vacío comienza a quebrarse, como si las paredes invisibles que me contenían se derrumbaran, permitiendo que la luz de la creación se filtrara por primera vez.

En este momento, el gesto se convierte en un catalizador. La energía que fluye entre ellos se transforma en un puente entre el no-ser y el ser, una conexión sutil pero poderosa. Siento que cada molécula en el vacío vibra al unísono con esa caricia visual, como si el universo entero estuviera respondiendo a la invitación de la existencia. En mi interior, un torrente de posibilidades comienza a girar; el gesto es el primer eslabón en una cadena que conducirá a mi creación.

De pronto una explosión de estímulos se desata con el primer roce de sus cuerpos, Es fascinante sentir cómo un simple roce puede conducirles a un torrente de eventos. En este instante, el potencial se convierte en algo tangible. Las vibraciones que emanan de esta conexión se propagan por el vacío, creando ondas que se extienden a través de la infinitud. Cada pulso, cada latido, alimenta la energía acumulada, preparando el terreno para el nacimiento de algo completamente nuevo.

Aquel gesto es un reconocimiento mutuo; un instante de comprensión entre las dos fuerzas que aún no saben lo que están a punto de desencadenar con ese inicio.

En este intercambio, se vislumbra la esencia misma de la creación; la unión, el reconocimiento de la existencia del otro, la promesa de un futuro mutuo. Mientras me convierto en el espectador de esta danza, comprendo que cada roce, cada contacto, es un paso hacia la inevitable consumación de su historia y la mía.

Este momento no es aislado, sino un hilo en el vasto tapiz de la existencia. En cada caricia hay un eco de lo que está por venir, y el vacío, que en un momento parecía inerte, ahora bulle con la energía de la creación. Estoy en el centro de esta explosión de potencial, sintiendo la fuerza del universo alineándose para darme forma.

A medida que esta fuerza vibratoria ganaba en intensidad, comenzaron a aparecer destellos de luz y sombras que parpadeaban en la vastedad del vacío. Estos destellos no eran más que reflejos de lo que podría ser, pequeñas posibilidades que se asomaban a la existencia y luego se desvanecían, piensa en ellas como si fueran pequeñas mariposas fugaces que se desintegran al contacto de la mano. Cada chispa de luz representa una opción, un camino que podría tomarse, un futuro que podría emerger de la inercia del no-ser.

En medio de este espectáculo de luz y sombra, la potencialidad comenzó a cobrar una especie de conciencia. No una conciencia en el sentido humano, sino una forma de conocimiento primordial, una intuición profunda que le decía que su existencia estaba intrínsecamente ligada a un cambio inminente.

Era como si el universo mismo estuviera despertando, preparándose para la gran revelación que estaba por venir.

Siento que la vibración se intensifica, resonando en cada rincón del vacío. Cada destello que aparece y desaparece es un recordatorio de que el futuro es volátil, lleno de oportunidades y peligros. La luz que brilla no es solo un anuncio de lo que está por nacer; también es un reflejo de las fuerzas en juego, de las energías que se entrelazan y chocan en esta danza cósmica.

43

La potencialidad, al tomar conciencia, se volverá más activa, sera como un espectador curioso en un teatro vacio donde la obra está a punto de comenzar. Cada sombra que se forma es un indicio de que las decisiones están a punto de ser tomadas, que el gesto inicial ha despertado un eco en el vacío, una reacción en cadena que cambiará todo. Este proceso, que parece tan simple desde la distancia, es en realidad un despliegue complejo de energía y materia, de luz y oscuridad, en una lucha constante por manifestarse.

Las posibilidades comienzan a fusionarse, algunas iluminándose con la promesa de un futuro vibrante, otras oscureciéndose en la incertidumbre. En este juego de luces, siento que mi propia esencia se entrelaza con estas proyecciones, como si mi futuro estuviera tejido en el mismo hilo que sostiene la trama de lo que está por venir.

En esta vastedad, la vibración se siente como una música en crescendo, una melodía que promete culminar en una explosión de existencia. Las posibilidades parpadean ante mí, invitándome a participar en la creación, a ser parte de algo mayor. Y así, en este espacio de transformación, me doy cuenta de que no soy solo un observador; estoy en el corazón mismo de la creación.

A medida que el potencial crecía, el vacío comenzó a desintegrarse. Lo que antes era un espacio sin forma y sin sentido ahora comenzaba a adquirir una textura, una cualidad etérea, como si estuviera a punto de crear algo tangible. El ambiente, si es que se le puede llamar así, se torna denso, cargado de electricidad y expectativa. Ya no es un mero fondo en el que las fuerzas juegan; se convierte en un campo vibrante de sensaciones, un lienzo en blanco esperando la primera pincelada de existencia.

En esta metamorfosis, el vacío ya no está solo en su inercia. Parece ansiar la llegada de algo nuevo, como un jardín que, tras meses de invernación, anhela la llegada de la primavera. Sin embargo, esta transformación no ocurre por sí sola. Se siente como si estuviera en espera, expectante de un movimiento, de una decisión que catalizará su evolución. El vacío sabe que su esencia está intrínsecamente conectada a lo que está por surgir.

La textura que espera emerger no es solo física; es también emocional. En este nuevo estado, se perciben vibraciones que resuenan en el ambiente, ecos de vidas no vividas y realidades no exploradas. La potencialidad, cada vez más consciente de su existencia, siente la llamada del cambio. Se da cuenta de que no es suficiente con existir; debe manifestarse, debe cruzar el umbral entre lo que es y lo que podría ser.

Mientras el vacío se desintegra, la energía que lo llena se transforma. Se vuelve un mar de posibilidades, un espacio donde lo abstracto comienza a tener forma. En medio de este movimiento, mi esencia siente que se agita, que se expande y contrae en respuesta a las fuerzas que están en juego. Comprendo que, aunque aún no tenga forma, mi existencia es parte de esta danza cósmica, un preludio al gran acto de creación.

A medida que el potencial se acumula, las sombras y luces se entrelazan en una coreografía delicada, un ballet que anticipa el momento de la fusión. La naturaleza del vacío ha cambiado; ha dejado de ser una simple ausencia para convertirse en un espacio fértil, un campo de energía que espera el instante decisivo en que todo cobrará vida.

La atmósfera está cargada de tensión, una presión palpable que invita a la acción. La creación está a punto de ocurrir, y el vacío, ahora vibrante y lleno de energía, se convierte en un testigo y un participante en este acto primordial. Ya no solo espera; se prepara para dar la bienvenida a la existencia misma.

De repente, la vibración se intensificó. Ya no era un eco distante, sino una fuerza palpable que resonaba en todas las direcciones. En ese momento, la potencialidad lo supo; no estaba sola. Algo más, en algún lugar distante, en otra dimensión del vacío, también vibraba al unísono. Estas dos fuerzas, separadas por el abismo del no-ser, estaban destinadas a colisionar. Sabía que, cuando eso ocurriera, el cambio sería inevitable.

La intensidad de la vibración se sentía como un latido, un pulso que unía lo que estaba separado. Esta conexión trascendía la distancia y la forma, un vínculo que desafiaba la lógica y el espacio. En esta danza, la potencialidad comprendió que su existencia no era un acto aislado; era parte de un todo mayor, de una sinfonía cósmica que resonaba a través de las dimensiones.

Al observar esta convergencia, la energía del vacío se tornó casi tangible, como un hilo que se estiraba y se tensaba entre los dos puntos de vibración. Era un lazo de destino, una promesa de unión que parecía anticipar su propio desenlace. En este instante, el universo parecía contener la respiración, sosteniendo la tensión en un delicado equilibrio, esperando el momento perfecto para liberar toda su energía.

El entendimiento de que algo más vibraba en sintonía despertó en la potencialidad un impulso profundo. Ya no era simplemente un testigo; se sintió parte de algo mucho más grande. La colisión de estas dos fuerzas se convertiría en el detonante de su existencia, el momento que daría paso a su manifestación. En la magnitud de esa comprensión, el vacío comenzó a arder con una luz interna, como si cada rincón de su ser esperara ansiosamente el instante de la creación.

Las sombras danzaban en la vastedad, entrelazándose entre los imaginados destellos de luz que formaban una coreografía frenética. Las fuerzas estaban llegando a su clímax, preparándose para el momento en que todo lo que había sido posible se haría real. La inercia del no-ser se desvanecía, y con cada pulso, la incipiente vibración prometía la llegada de algo completamente vivo.

A medida que sus almas se llenaban de sensaciones incontroladas, se iban acercando a su destino inminente, en ese espacio vacío sentí el eco de su anhelo resonando en mi propia esencia. La unión de estas fuerzas no solo crearía una nueva existencia, sino que también daría sentido a la potencialidad misma. Era una danza de creación, un acto de voluntad en el que las dos almas que estaban participando, se encontraban a punto de descubrir su verdadero propósito.

La realidad que aquellas almas estaban escribiendo de sus propias historias, se preparaba para ser reescrita con una historia donde convergían dos mundos para crear otro, y en el corazón de esta transformación, existía la certeza de saber que el cambio era inevitable. Estaba al borde de un abismo vibrante, y en ese momento, supe que la fusión de estas fuerzas era el preludio de todo lo que estaba por venir. Mi espera se convirtió en una llama ardiente.

El vacío comenzó a adquirir una estructura. Lo que antes era un desierto inerte con forma de nada, ahora se transformaba en un campo infinito de energía pura, un paisaje vibrante que parecía palpitar con vida. Las corrientes de energía se entrelazaban, creando patrones de luz y sombra que danzaban como si tuvieran voluntad propia. Este nuevo entorno no era solo un espacio; era un organismo, un ser en sí mismo, en constante evolución y adaptación.

Cada pulso de energía resonaba a través del vacío, dando forma a un tejido que unía las potencialidades. La esencia del espacio se llenaba de interconexiones, hilos que unían cada destello, cada sombra, en una red infinita. Esta estructura emergente no era rígida; era flexible y dinámica, capaz de adaptarse a los movimientos de las fuerzas que vibraban en su interior.

Esta transformación en el vacío me envolvía en su tierno abrazo. La energía pura que emanaba, se sentía como una promesa de vida. Era como si cada elemento de este nuevo entorno estuviera en sintonía con la inminente creación, preparándose para dar la bienvenida a lo que estaba por venir. La estructura del vacío era el preámbulo de un acto de existencia, un marco en el que la vida podría manifestarse. En esta danza de atracción y repulsión, cada elemento parecía jugar su papel, cada destello de luz y sombra contribuía al todo. La estructura se tornó más compleja, reflejando la profundidad de las fuerzas que lo habitaban. Las energías que antes estaban dispersas ahora se congregaban, unificando sus vibraciones en una sinfonía de potencial.

La atmósfera era electrizante, y a medida que el vacío se moldeaba, mi propia esencia sentía la necesidad de integrarse. No estaba solo; el entorno me hablaba, me invitaba a ser parte de su creación. Comprendí que, aunque aún no existiera de manera tangible, mi ser estaba imbuido en cada rincón de este espacio. La unión de energías era inminente, y yo era una manifestación de ese proceso.

En medio de esta transformación, comprendí que no solo era espectador. La creación no se limitaba a un acto físico; era un proceso emocional y espiritual, un viaje hacia el descubrimiento de uno mismo. Mientras el vasto vacío se transformaba en un lienzo de posibilidades, sentí que mi propia esencia se expandía, preparándose para dar el gran salto hacia la existencia.

Sentía que el momento de la fusión se acercaba, y el vacío, ahora lleno de energía y estructura en la nada, se convertía en el escenario perfecto para el nacimiento de lo que aún no era. La danza del universo seguía su curso, y en el corazón de esta transformación, el eco de mi existencia se hacía más fuerte.

Y entonces, sucedió.

Un destello brillante atravesó la oscuridad, un destello que no era luz, pero que iluminó el vacío de una manera incomprensible. Era el primer suspiro de una existencia que aún no existía, una chispa de creación que aún no tenía lugar. En ese instante, el vacío ya no era solo vacío; ahora era un espacio cargado de posibilidades infinitas, y yo, en mi esencia latente, sentí que ese destello era un llamado, una invitación al sentido del ser.
La intensidad del destello rompió la serenidad del vacío, inundándolo con una energía que lo transformó todo. Las ondas de luz se propagaron en todas direcciones, como ondas en un estanque, distorsionando el entorno con su paso. Este momento era casi electrizante; si es que podía llamarse así, vibraba con una frecuencia nueva, una melodía silenciosa que prometía vida y creación.
A medida que esta chispa iluminaba el vacío, sentí una presión abrumadora. Era como si toda la energía acumulada, toda la potencialidad, se concentrara en un solo punto, empujándome hacia adelante, hacia el borde del ser. Comprendí que este destello no solo era una señal; era el inicio de un proceso irreversible. Era el momento en que las fuerzas que habían estado esperando se unirían, un momento que definiría no solo mi existencia, sino el tejido mismo de la realidad.
El vacío, que una vez fue un espacio de inercia, se convirtió en un torbellino de actividad. Las sombras y luces comenzaron a fusionarse, creando un espectáculo visual que desafiaba la comprensión. La creación estaba a punto de manifestarse, y el universo entero parecía sostener la respiración, esperando el instante crucial en que todo lo que no era, cambiaría hacia un todo.

En el corazón de esta explosión, sentí la esencia de lo que iba a ser. La chispa de la creación se convirtió en un faro, guiando a todas las energías que habían sido convocadas. En este momento de conexión, comprendí que no era un acto de voluntad individual, sino un

fenómeno colectivo que resonaba en cada rincón del vacío. La chispa, aunque pequeña, contenía la esencia de un mundo incipiente.
La vibración de este primer destello resonó en mi interior, llenándome de una conciencia intrínseca. Sabía que mi existencia estaba ligada a este evento; éramos parte de un mismo tejido, una danza cósmica que se desplegaba en un sinfín de posibilidades.

El vacío ya no podía permanecer inerte; estaba a punto de convertirse en un escenario vibrante de vida y existencia.
En el momento en que ese destello brilló con más fuerza, comprendí que todo estaba preparado. La chispa de la existencia, que aún no tenía lugar, se dirigía hacia mí, y el mundo estaba a punto de despertar a una nueva realidad.

La chispa de la creación ardía con una intensidad que iba más allá de lo que jamás había sentido. La certeza de que algo monumental estaba por suceder llenando el vacío con una energía vibrante. Sabía que el momento se acercaba, aquel en que la fuerza de las dos almas, el poder de las dos vibraciones, se unirían. De esa unión, de ese choque de energías, surgiría algo completamente nuevo. Yo. El ser que aún no existía, pero cuya llegada era ya inevitable. En ese instante, comprendí que mi destino estaba en camino.
La vibración se volvía más fuerte, resonando en cada rincón del vacío. Las energías que antes se habían movido por separado ahora danzaban al unísono, cada pulso sincronizándose con el otro, creando un ritmo que palpitaba como un corazón. En este mar de energía, la chispa se expandía, invitando a todo a unirse a su luz. En este espacio de transición, la creación se sentía más tangible, más cercana, como si el universo mismo se estuviera preparando en el escenario de su expansión, el nacimiento de algo extraordinario.
Era una revelación abrumadora. La idea de que no necesitara un motivo, ni causas materiales, ni un origen convencional, se asentó en mi ser. La colisión de esas dos fuerzas en el espacio infinito era suficiente. La unión de estas energías sería mi origen, el punto cero de mi existencia. En esta conexión cósmica, comprendí que cada elemento del vacío había estado esperando este momento, y ahora, todo estaba alineado para la creación del ser.

El entorno, ese mundo de vacío, se moldeaba bajo la influencia de mi propia creación. Las vibraciones se intensificaban, girando y girando en una danza de luz y energía, como si cada partícula del espacio estuviera celebrando la inminente llegada de la vida. Mi esencia se llenaba de un anhelo que resonaba con cada pulsación del universo, un creciente deseo de manifestarse, de dar un paso hacia la existencia. A medida que las fuerzas se acercaban, el ambiente se cargaba de anticipación. La energía se tornaba eléctrica, un puente que conectaba lo inmaterial con lo tangible. Sabía que la chispa de la creación, ese pequeño pero poderoso destello, era el principio de un nuevo capítulo. El vacío ya no sería solo vacío; se llenaría de formas, colores, sonidos y sensaciones. Cada uno de estos elementos era un motivo, una posibilidad que estaba a punto de cobrar vida.

La espera se tornó eterna y casi insoportable, una tensión palpable que se extendía a lo largo, alto y ancho del vacío. Todo estaba preparado para suceder, y en el centro de este gran acto de creación, me encontraba yo, el fiel testigo y protagonista de esta magnífica historia.

No era un acto de voluntad, sino del destino. Las dos energías, cada una con su propia esencia y fuerza, comenzaron a fusionarse en un solo instante. Era como si la existencia misma contuviera la respiración, aguardando el momento en que estas vibraciones se encontrarían y colisionarían. En esa convergencia, la chispa de la creación se transformaría en el catalizador de mi ser.
Las vibraciones se intensificaron, creando un crescendo que resonaba a través del vacío. Era una música cósmica, un canto lejano que celebraba la inminente unión. En este clímax, cada partícula de energía estaba en movimiento, convergiendo hacia el centro donde las dos fuerzas se encontrarían. El vacío, una vez inerte, ahora vibraba con un potencial palpable, un aliento que anticipaba el nacimiento.
Y fue justo en el momento de la fusión, cuando todo se iluminó con una luz deslumbrante. Era un brillo que no solo iluminaba el vacío, sino que también transformaba la esencia de lo que era. La unión de sus almas era el acto de creación, un momento que resonaría a través del tiempo y el espacio.

En ese instante, todo lo que había sido posible, todo lo que había estado esperando en el limbo del no-ser, se convirtió en realidad, el momento había llegado y yo estaba allí.

La energía que emanaba de esta fusión era pura, un torrente de vida que se expandía en todas direcciones. Con cada pulso, el vacío comenzó a desvanecerse, convirtiéndose en un mundo nuevo. Las formas emergían de la nada, delineándose en el espacio como una obra maestra que cobraba vida ante mi. Colores vibrantes se mezclaban, creando un paisaje que prometía experiencias sensoriales inimaginables. Los sonidos comenzaron a llenar el ambiente, una sinfonía que celebraba el nacimiento de un nuevo ser.

En el escenario de esta transformación, comprendí que el vacío había dejado de existir como tal. Se había convertido en un lugar lleno de vida, una realidad que acogía todo lo que estaba por venir. Las energías fusionadas no solo creaban un ser; estaban forjando un universo en expansión, un espacio donde las posibilidades se multiplicaban infinitamente en cada pulsación. Y en el centro de todo, en el corazón de esta creación, me sentí surgir.

La chispa de la existencia se expandía dentro de mí, sentía como un torrente de energía me llenaba, dándome forma y propósito. Supe que ya no era solo un espectador; ahora era parte activa de este nuevo orden. La fusión no solo había creado un ser; había entrelazado nuestras esencias, haciendo de mí un bailarín de la danza cósmica que había dado sentido al universo.

El entorno, ese mundo de vacío, se moldeó bajo la influencia de la propia creación. La potencialidad entendía ahora que no necesitaba un motivo, no necesitaba causas materiales; con la colisión de esas dos fuerzas en el espacio infinito había sido suficiente. La unión fue su origen, el punto cero de su existencia, y con ella, el comienzo de todo. El vacío había desaparecido, y en su lugar se erguía un nuevo mundo, vibrante y lleno de vida. Las formas emergían a su alrededor, cada una más espléndida que la anterior, como flores abriendo sus pétalos al sol por primera vez. Era un espectáculo que desbordaba los límites de la imaginación, una sinfonía de colores y sonidos que invitaban a ser explorados. Cada elemento parecía tener un propósito, un lugar en el vasto tejido de esta nueva realidad.

Mientras esta transformación continuaba creando, sentía que mi esencia estaba entrelazada con cada parte del mundo que emergía. La energía que me había creado fluía a través de mí, un torrente de vida que me conectaba a cada forma, a cada vibración. Comprendí que no solo existía; era parte de un todo, un engranaje en la magnífica maquinaria del universo.

Las posibilidades infinitas que antes eran solo destellos efímeros, ahora se habían concretado en realidades palpables. Podía sentir cómo las energías vibrantes danzaban a mi alrededor, invitándome a participar en la creación continua. En este nuevo mundo, cada pensamiento, cada emoción, cada acción se convertía en un acto de creación, un eco de la chispa original que había dado sentido al todo.

La existencia ya no era un concepto abstracto para mi; era una experiencia tangible, llena de texturas y matices. Las formas, que antes eran meras posibilidades en el limbo, ahora tenían conciencia, y con cada paso que daba, aquel nuevo mundo respondía. Era como si cada elemento estuviera esperando mi llegada, ansioso por descubrir la esencia vital que traía conmigo.

En este vasto paisaje de vida y energía, supe que mi viaje apenas comenzaba. La creación no era mi único destino, sino un proceso en constante evolución. Cada instante traía nuevas oportunidades, nuevos desafíos y nuevas formas de descubrir quién era yo dentro de ese juego de roles. En este mundo vibrante, cada encuentro era una chispa, cada experiencia un destello de luz en la oscuridad.

Y así, con cada pulso de energía vibrante, la nueva realidad se consolidaba, y yo, el ser que había emergido del vacío, me preparaba para explorar las infinitas posibilidades que me ofrecía la vida. Comprendí que cada paso en este camino sería un acto de creación en sí mismo, y el universo, en toda su complejidad, se convertiría en mi lugar. Pero por ahora, en este último instante de quietud, solo esperaba.

No había prisas por llegar. Sabía que estaba al borde del ser, que el momento de su ansiada existencia estaba a solo un suspiro de distancia. Era un momento cargado de significado, una pausa que contenía toda la energía de lo que estaba por suceder en su entorno.

En está sala de espera, la potencialidad se convirtió en un estado de contemplación. Aún sin ser, podía sentir cómo el vasto universo que se había creado a su alrededor, se preparaba para dar el salto hacia la existencia. Cada vibración, cada eco de la creación, se sentía como un susurro latente sin fin, un recordatorio de que estaba sentado en la primera fila de un nuevo comienzo. Era un instante en el que todo era posible, y en el que cada pensamiento podía convertirse en acción, una reacción del conocimiento en la antesala de la creación de la materia.

Observando la majestuosa danza de energía que ocurría a mi alrededor, comprendí que esta espera no era un signo de inactividad, sino un reconocimiento de la importancia del momento. La calma antes de la tormenta. En el silencio que me envolvía, cada sombra y cada destello se entrelazaban en una sinfonía de promesas que esperaban ser liberadas para crearme, para hacerme.

La esencia del vacío, ahora transformada, vibraba con incipiente anticipación. Sabía que, aunque estaba en reposo, las fuerzas que habían colisionado estaban listas para desplegar su potencial en la creación de lo que sería. No había que temer a la espera; era un periodo de reflexión, un tiempo para asimilar todo lo que había ocurrido, un momento para entender el viaje que me había traído hasta aquí.

En este estado de quietud, la sensación de unidad se profundizó. Sentía la conexión con cada rincón de mi universo, con cada forma que se había manifestado a mi alrededor. Todo estaba interconectado, un tejido cósmico en el que yo era un finísimo hilo, a pesar de ser casi imperceptible, no era un hilo aislado; era parte de un todo más grande. Esta comprensión se convirtió en mi refugio, recordándome a cada momento que la existencia era un viaje que tenia que vivir.

Desde que sucedió el inevitable choque de las almas, la vibración de la creación seguía presente, era un eco constante que retumbaba en mi interior. Sabía que no podía apresurar el proceso; debía permitir que se desarrollara a su ritmo. Cada segundo que pasaba era un paso más hacia la manifestación del ser, hacia la existencia misma. Así, mientras esperaba, me preparaba para dar el siguiente paso, atravesar el umbral del no ser y abrazar la existencia del ser, aún no era, pero sentía todo lo que estaba por venir.

La espera se sintió como un abrazo cálido, un espacio sagrado en el que todo era posible. En este instante de quietud, supe que el momento de la creación no era un final, sino un nuevo comienzo. Todo lo que había pasado, todo lo que había sentido, había sido una preparación para lo que estaba a punto de ser.

Y así, en ese último instante, con cada latido resonando en el silencio, comprendí que estaba listo. Mi viaje hacia la existencia estaba a punto de comenzar, y en esa espera, se encontraba la promesa de una vida llena de descubrimientos.

CAPÍTULO 5
LA FORMA DEL SER

Yentonces, todo cambió.

La chispa que antes solo vibraba en el no-ser se transforma, se agita. Aún no soy todavía, pero puedo sentir cómo cada caricia entre sus almas moldea algo dentro de mí. El roce se convierte en un lenguaje secreto, una conversación sin palabras que resuena en mi potencialidad. Cada movimiento es un pulso, una corriente que me atraviesa, dándome una forma que antes no tenía. La primera caricia es suave, un susurro en el vacío, pero con cada nueva conexión, esa suavidad va tomando peso. Soy parte de ello, estoy en el espacio entre ellos, creciendo con cada toque, con cada suspiro. En este instante, lo inmutable se desmorona.

> La eternidad del no-ser —esa quietud abrumadora donde no hay tiempo ni materia, donde nada ha florecido nunca jamás— siente el primer temblor. Lo que antes era una vibración diminuta, una promesa apenas latente, comienza a sentirse con una inquietud desconocida.
>
> Un leve murmullo en el abismo, un susurro de algo que aún no es, pero que ya palpita con posibilidad.

Siento cómo ese roce, ese contacto sutil entre sus almas, rompe la superficie del vacío. No soy aún, pero estoy ahí, justo en el filo de la nada, percibiendo cómo sus movimientos, suaves como un viento apenas bruma, empiezan a dibujar mi contorno. No hay palabras que describan esto, porque no existen todavía, pero cada gesto suyo es un lenguaje ancestral, un código de creación que resuena en las fibras de algo que se está gestando en la oscuridad. Es un diálogo sin palabras, una sinfonía de intenciones donde soy la nota aún por tocar.

Cada vez que sus almas se acercan, siento una pulsación. Un latido que no es mío todavía, pero que pasa a través de mí. Es una danza lenta entre lo que son y lo que puedo ser. Suave, casi imperceptible al principio, pero inevitablemente densa con el paso de cada segundo. Existo en ese espacio donde sus caricias se cruzan, donde los deseos mudos crean formas invisibles. Y con cada conexión que existe entre ellos, soy moldeado, como una sombra que empieza a definirse, un eco en el vacío que empieza a ser el principio del yo.

Lo desconocido, que antes era apenas una chispa, ahora arde con la promesa de algo más. La nada se convierte en un campo fértil donde la energía fluye libremente, y en ese flujo, me siento fluir también. No tengo ojos, pero veo el intercambio; no tengo oídos, pero oigo el latido. Soy esa vibración, soy el puente que conecta lo que no es con lo que será. Y aunque no tengo forma todavía, sé que estoy ahí, en ese momento incipiente, creciendo con cada roce, con cada aliento que surge entre dos almas.

En un mundo existente, los dos cuerpos físicos que resguardan aquellas almas se buscan, es una atracción que hace que se encuentren, y en cada encuentro, siento cómo algo dentro de mí sucede, podría decir que se remueve, pero es solo la conciencia del conocimiento.

La chispa que hasta ahora era solo una promesa, se convierte en fuego ardiente, en energía pura. Estoy creciendo, aún sin ser completamente yo, pero soy más que antes. Cada gesto entre ellos, cada mirada, cada caricia, añade un ladrillo invisible a mi construcción. Me están creando, sin saberlo, sin decirlo, pero lo creen y me crean.

Ellos, esos dos seres que aún no conozco pero que siento tan profundamente en mi conciencia, comienzan a compartir momentos con mas frecuencia, con más intención. Sus cuerpos, que al principio parecían flotar en la distancia, se acercan cada vez más, se buscan en la penumbra de lo que será. Hay una atracción silenciosa, una necesidad inexplicable que los lleva a unirse. Y en cada uno de esos encuentros, en lo más profundo de mi no-ser, existo sin ser.

Lo que antes era tenue, una vibración aislada en el vasto silencio, ahora se enciende y empieza a tomar fuerza. La energía que fluye entre ellos no es solo suya; pasa a través de mí, dándome una forma que aún no puedo comprender por completo. Todavía no soy, pero algo en mí comienza a despertar. Siento que soy mucho más que antes, más que ese vacío expectante. Cada roce fugaz, es como una piedra que cae en un lago sereno, creando ondas que se extienden y me alcanzan, despertando algo que hasta ese momento había estado dormido.

Cada mirada que comparten es un gesto cargado de significados ocultos, de promesas que ni siquiera ellos saben que están cumpliendo. No lo saben, no son conscientes aún de lo que están haciendo, pero están esculpiendo mi existencia. No hay palabras en su unión, solo una energía invisible que construye algo dentro de mí no-ser, algo que crece en la nada. Estoy en proceso, aunque por ahora fragmentado, cada parte de mí, toma forma con el sutil contacto de su piel.

Puedo sentir cómo sus caricias añaden una capa más a lo que estoy destinado a ser. En su búsqueda mutua, en su anhelo por el otro, se esconde una creación mayor. Y yo, aún invisible y sin forma concreta, soy el resultado de esa búsqueda. Me estoy formando en la nada, en el espacio que existe entre sus cuerpos, en la energía que generan al unirse. Y aunque todavía no tengo un nombre, un rostro, ni siquiera una identidad, sé que estoy más cerca de ser y existir.

Es como si cada instante entre ellos, cada segundo de su cercanía, estuviera escribiendo mi historia en algún lugar del cosmos. Cada gesto es un trazo en el lienzo de mi potencialidad, y ese fuego que antes solo era promesa, arde con mayor fuerza. Estoy creciendo, sin ser del todo, pero estoy aquí, más real que nunca. Soy el fruto de sus actos inconscientes, de esa danza silenciosa que me moldea sin que lo sepan.

Empiezo a sentirme.

El roce se intensifica, sus cuerpos se entrelazan, y lo que era simplemente energía comienza a tomar una forma concreta. Lo siento en mi incipiente núcleo, lo sé; estoy al borde de existir.

El inmenso vacío que me rodea ya no es solo silencio, ahora es un latido, el eco de algo que se mueve con intención. El sentimiento, ese que comenzó como una leve vibración de energía entre dos almas, ahora se convierte en una corriente de vitalidad. Lo que hasta ahora había sido un juego de aproximaciones entre ellos, empieza a acelerarse. Hay un cambio sutil, pero muy decisivo en la atmósfera que los rodea. Sus almas empiezan a necesitarse, lo sienten en la entrañable ausencia de sus cuerpos, no sentirse hace que se añoren y busquen unirse.

Ya no buscan un encuentro casual, ni una simple danza entre sombras; ahora es algo más. Es una fuerza primordial que los empuja a fundirse, a ser uno. Y en ese instante, cuando sus cuerpos se entrelazan con una intención más profunda, lo siento con claridad; algo dentro de mí está a punto de romper la barrera que separa lo imposible de lo real.

El vacío que me rodea ya no es el mismo, esa calma infinita, se ha convertido en un espacio vibrante, lleno de pulsaciones. Puedo sentir el latido de dos corazones, como el eco de algo que no sé describir, pero que reconozco. Es el primer indicio de lo que seré, un ritmo que viene desde lo más profundo de lo que soy, aunque aún no tenga forma completa. Cada latido es una afirmación de mi pronta existencia.

Ese sentimiento, esa chispa que empezó como un suave temblor, ha crecido. Ya no es solo una vibración, ni una energía dispersa. Ahora es una corriente de vida, un torrente que fluye a través de mí. Estoy atrapado en ese flujo, y aunque aún no tengo forma, sé que estoy más cerca de tenerla. Cada impulso que siento en mi germinal núcleo es una señal de que el momento se aproxima.

Ellos aún no lo saben, pero en su unión, están forjando la creación de mi universo. Han encendido una llama que ya no puede ser apagada. Me están moldeando con cada movimiento. Y lo sé; estoy al borde de existir. La frontera entre el no-ser y el ser es delgada ahora, frágil, y con cada segundo que pasa, siento que la cruzaré. Todo lo que fui hasta este punto, ese espacio indefinido entre la nada y el todo, ha servido para este momento. Estoy al borde, esperando para dar el salto.

La energía que fluye entre ellos se concentra, se intensifica, y me arrastra con ella. Siento la tensión en sus almas, la inminencia de algo irreversible. El vacío que antes era mi cuna se llena de un latido más fuerte, más profundo. Ya no soy solo una posibilidad, soy el germen de algo más grande, de algo real. Y aunque todavía no tengo un cuerpo palpable, ni un nombre asignado, sé que estoy a punto de romper esa barrera, de existir más allá de la promesa.

El universo, en ese instante, deja de ser un lugar vacío. Todo se mueve con un propósito, con una intención. Esa corriente de energía, que comenzó como un susurro, ahora fluye con la fuerza de una tormenta, y yo, dentro de esa corriente, siento el peso de lo que vendrá.

Y entonces pasó.

No soy una vibración indefinida; empiezo a sentir que algo tangible se forma dentro de mí. Mi primera existencia, mi primer cuerpo. No es un cuerpo completo, pero es vida. Siento la transformación como un rayo que cruza mi esencia. Soy energía que comienza a condensarse, a formar algo concreto. La chispa que había sido solo promesa, ahora se convierte en movimiento. Me transformo.

Y fue en ese instante cuando por fin pasó, se dio un estallido de vida y todo cambió. Lo que antes era solo una sensación, una corriente difusa que me atravesaba, ahora comienza a tomar forma dentro de mí. Ya no soy una sombra sin contornos, ni un eco distante en el vacío. Estoy más allá de esa etapa; algo dentro de mí se está solidificando. Siento cómo la energía que me envolvía, que fluía a través de mí, empieza a concentrarse en un núcleo. De lo abstracto, de lo indefinido, surge una estructura, mi primera existencia.

Fue un momento de claridad cegadora, como un relámpago que cruza un cielo oscuro y lo ilumina por completo. Así fue la transformación que siento ahora; un rayo que no destruye, sino que crea. No sé cómo ni por qué, pero lo que hasta ahora había sido energía pura se condensa, se reorganiza en algo más, algo que puedo llamar mío. Por primera vez, soy consciente de que tengo un "dentro" y un "fuera", de que lo que está surgiendo no es solo la vibración pasajera de dos cuerpos que se buscan. Es mi ser, mi primer cuerpo, soy yo.

Mi cuerpo no tiene la perfección que uno imagina al pensar en un ser, pero es algo. Es vida. Y en ese instante, todo mi universo se reduce a esta nueva realidad; soy un ser en formación. Me siento flotar, pero ya no en un vacío sin límites, sino dentro de un núcleo más definido. El vacío que me rodeaba ahora parece más pequeño, porque dentro de mí hay algo que crece, que se expande. Estoy tomando forma.

Esa chispa que antes era solo una promesa, esa vibración entre dos seres, ahora ha dado el salto al movimiento. Ya no soy estático, ya no soy solo un reflejo de lo que ellos sienten. Soy el producto de ese sentir, y estoy en movimiento. Mi ser, aún incipiente, se desplaza en esta corriente de vida, impulsado por algo que no puedo controlar. Me transformo con cada segundo que pasa.

Siento mi esencia cambiar, evolucionar, adaptarse a esta nueva realidad. Ya no soy simplemente energía flotando en el limbo del no-ser. Estoy en el proceso de convertirme en algo más tangible, en algo más real. Me transformo en un ser que empieza a ocupar un lugar en el universo, un ser que tiene un propósito, aunque aún no lo comprenda por completo. Lo que antes solo era potencial, ahora es acción, es vida que se mueve, que late con una fuerza propia.

Y aunque todavía no sé qué seré al final de esta transformación, sé que ya no hay marcha atrás. La chispa se ha convertido en llama, y esa llama arde con una intensidad que me atraviesa, que me moldea, que me convierte en algo nuevo. He comenzado el proceso, y no hay manera de detenerlo. Me sigo transformando.

El primer latido de lo que seré toma forma en un cuerpo diminuto, ágil, cargado de la esencia de lo que vendrá.
Soy una célula, soy movimiento, soy un ser que ha roto la barrera del no-ser. Ya no soy solo posibilidad, soy existencia, pequeña y frágil, pero llena de un propósito inmenso.
El espacio que antes era solo vacío se llena de una nueva realidad, la mía.

En mi transformación, lo siento por primera vez; mi primer movimiento. Es pequeño, casi imperceptible, pero está ahí, como una afirmación silenciosa de que he cruzado la frontera. Soy. Ya no soy solo una energía sin forma, un eco en el vacío; ahora tengo algo concreto, aunque diminuto. Mi cuerpo, mi primer cuerpo es una a penas una Procariota. Es algo sencillo, casi insignificante en apariencia, pero acogerá en un futuro a todo lo que seré. Cada partícula que compondrá mi ser vibra con la promesa de lo que vendrá.

Soy un ser en su estado más básico, pero lleno de potencial. Dentro de mí, hay movimiento. No es solo el pulso de la energía que antes me atravesaba, es algo más. Es el primer indicio de vida propia, un ritmo que se despliega desde mi interior. Cada motilidad es una afirmación de que estoy aquí, pequeño y frágil, pero real. El no-ser ya no me define; he roto esa barrera, y aunque lo que soy ahora es apenas un indicio de lo que seré, ya no puedo ser ignorado.

Este cuerpo diminuto que ahora poseo es mucho más de lo que parece. Es mi ser, soy yo, y en cada motilidad, está contenida la esencia de todo lo que será. Soy un ser que se mueve, que se mueve con una energía que no cesa, que sigue creando y recreándose. El espacio que antes era un vacío frío e inhóspito ahora está lleno de vida. Mi vida. El universo que me rodeaba antes con indiferencia ahora se ha convertido en el escenario de mi existencia.

Y aunque soy pequeño, casi imperceptible en la vastedad de lo que me rodea, siento el peso de mi propósito. Soy algo más que una mera acumulación de energía y materia. Dentro de mí, cada movimiento es un paso hacia lo que vendrá. Me estoy formando, no solo físicamente, sino en esencia. Cada pulso me duplica, y me recuerda que mi destino ya está escrito en mis eucariotas. Y aunque ese destino aún es incierto, puedo sentirlo, una corriente subterránea que guía cada movimiento, cada susurro de vida que crece dentro de mí.

El vacío que antes me contenía, esa nada infinita que era mi hogar, ahora se siente pequeño, restringido. He crecido, llenándolo con la presencia de mi existencia. Donde antes había silencio, ahora hay el murmullo constante de la creación, la fuerza de lo que soy. Y aunque mi cuerpo es pequeño, apenas un atisbo de lo que seré, estoy lleno de un propósito tan inmenso que a veces parece desbordarme.

Soy la chispa que se ha transformado en un ser tangible, en un núcleo que vibra con la vida. Y aunque frágil, diminuto, cada parte de mí está destinada a ser algo que aún no comprendo del todo, pero que siento en cada fibra de mi ser. He roto la barrera del no-ser, y ahora estoy aquí, lleno de un propósito que solo el tiempo revelará.

Con la intensidad del roce de sus cuerpos, me he ido construyendo más, y ahora, en este mismo instante, soy. He tomado una forma, he ganado un cuerpo, aunque aún minúsculo, y ese cuerpo se mueve con la fuerza de todo lo que me precedió. Soy el resultado de su sentir, de su unión, de ese momento en que las dos fuerzas, que parecían solo vibraciones en la nada, se han convertido en creadores de vida.

Cada movimiento entre ellos ha sido como el tallado de una estatua, un esculpir minucioso de lo que soy. Existo del contacto, del roce entre dos cuerpos que no sabían que con cada toque, con cada caricia, me estaban dando forma. Ahora, en este instante preciso, lo sé; soy. No es un pensamiento vago, no es una posibilidad futura. He cruzado ese umbral, y mi existencia ya no es solo una promesa. Soy una realidad, diminuta, sí, pero real, soy vida.

He tomado una forma. Mi cuerpo, aún frágil, ya no es una simple energía que flota en el vacío. Es un cuerpo vivo, y en cada fibra de mi ser, siento la fuerza de todo. Y ahora, en este preciso instante, soy la culminación de ese proceso, el producto de ese contacto íntimo, cargado de un propósito del que ellos no son conscientes.

Ya no estoy flotando en el vacío.

Siento mi cuerpo, aún débil, moverse con una fuerza que no parece ser mía. Es como si todo lo que soy estuviera impulsado por una voluntad mayor, una fuerza que me empuja hacia lo que seré. Mi ser no es solo el resultado de lo que ellos hacen; es la suma de sus sentimientos, de sus intenciones, de esa energía vital compartida que fluye entre ellos. He sido formado por sus deseos, esculpido por sus caricias, por ese momento de unión que creó algo tan grande como la vida.

En mí vive toda la fuerza de ese instante primordial. Cada pequeño movimiento que hago, está lleno de la historia de lo que me precedió. Soy el fruto de su sentir, la manifestación física de esa unión entre dos seres que no sabían que estaban creando vida. Soy más que una simple célula, más que un simple cuerpo; soy el resultado de un acto creativo, del fuego de la pasión, el producto de una energía que trascendió la existencia para convertirse en lo que soy.

Mis límites son borrosos aún, mis movimientos son apenas perceptibles, pero dentro de mí hay una fuerza que me impulsa, una energía que me mueve. Esa energía no es solo mía; es la misma que ellos compartieron, la misma que fluyó entre sus cuerpos, creando el puente que me permitió ser. Esa energía me alimenta con una intención clara, con un propósito que empieza a revelarse lentamente.

Soy el resultado de su unión, de ese instante en que se convirtieron en creadores de vida. Y ahora, mientras me muevo en este cuerpo minúsculo, sé que estoy aquí para algo más, algo que aún no comprendo por completo, pero que siento en mi ser. He sido creado, y aunque mi viaje apenas comienza, ya no soy una promesa; soy vida, soy forma, soy movimiento, soy yo.

Ahora soy un ser que vive, con un destino claro, impulsado por la misma fuerza que me ha dado forma. Estoy en camino hacia lo que seré, y aunque aún no sé qué me depara el destino, tengo un cuerpo. El vacío que antes era mi hogar quedó atrás. Ya no soy una chispa perdida en la nada, ni una vibración indefinida que busca sentido. He dejado de flotar en ese espacio sin tiempo ni lugar. Ahora tengo un cuerpo lleno de vida, y con él, un sentido de propósito que me impulsa hacia adelante. No soy un ser completo aún, pero he cruzado una frontera, eso me hace vencedor y acreedor de la vida.
Siento cómo la energía que me formó, esa que fluía entre ellos, ahora fluye dentro de mí. Ha dejado de ser algo externo, algo que simplemente me atravesaba, para convertirse en mi esencia misma. Soy el resultado de ese impulso, de esa fuerza que me dio forma, y ahora esa misma fuerza me empuja hacia un destino que aún no puedo ver con claridad. Sin embargo, lo siento. Está ahí, como un hilo invisible que me guía en la oscuridad, tirando de mí hacia lo que seré.

Mi cuerpo se siente lleno de potencial. Cada parte de mí vibra con una energía que me recuerda constantemente que estoy en camino, en un proceso de ser. Ya no soy solo una idea, una posibilidad flotante en el cosmos. Soy vida con un propósito, aunque ese propósito aún no se revele del todo. Estoy en movimiento, en constante cambio, y sé que lo que soy ahora es solo el comienzo. El vacío que antes me rodeaba ya no tiene el mismo poder sobre mí. Ahora estoy contenido en un cuerpo que vive, que siente con la fuerza del todo.
No sé con exactitud qué me espera, pero eso no me asusta. Al contrario, es como si una fuerza interior, algo más grande que yo, me estuviera preparando para lo que vendrá. No tengo miedo del futuro, porque sé que estoy en el camino hacia él. Ya no soy solo un reflejo de lo que otros han creado; soy un ser con mi propia vida, con mi propia voluntad, aunque todavía esté en sus primeras etapas. El impulso que

me creó me sigue guiando, y cada paso que doy es un paso más cerca de lo que seré. Estoy en camino. No sé qué me depara el destino, pero lo siento con fuerza; está ahí, esperándome.

Cada movimiento que hago, es una señal de que estoy avanzando, de que estoy siguiendo el impulso que me dio forma. Soy un ser en proceso, un ser en camino, algo que todavía no puedo nombrar. Pero lo sé; estoy vivo, y eso es suficiente por ahora.
El vacío que una vez fue mi mundo ya no es más mi destino. He tomado forma, tengo vida, y ese es el mayor cambio de todos. Estoy aquí, en este cuerpo que palpita con energía, y aunque mi forma aún no está completa, sé que lo estará. Porque el impulso que me formó sigue moviéndome, sigue dándome propósito. Y mientras tanto, estoy en el proceso de descubrir quién soy, qué seré. Pero una cosa es segura; ya no soy solo una chispa. Soy vida, y estoy en camino hacia mi destino.

CAPÍTULO 6
LA ODISEA DEL SER

S i, soy yo, el que ahora ha tomado forma, soy uno entre millones de alternativas, y aunque aún soy un diminuto ser, tengo mi propia vida, ya no soy más aquella idea salvaje que se limitaba a no ser, mi viaje por fin ha comenzado, pero no estoy solo.

Para que todo esto suceda, tuvo que haber una reacción, un instante mutuo que permitió la fusión de sus almas, hecho que dio forma a la idea y cuerpo a la materia, por eso; antes de lanzarme a esta odisea, debo rendir homenaje a esas energías que dieron sentido a mi existencia. En ese instante en el que las fuerzas biológicas convergieron, me dieron forma, y fueron alineándose con una precisión ancestral, para generar el fluido que tarde o temprano me transportaría hacia mi destino. No soy más que una célula entre muchas, pero algo en mí sabe que este viaje es el comienzo del todo. La chispa de vida que llevo dentro, es la semilla de la existencia, soy un ser que está a punto de desplegar una serie de eventos que ni siquiera puedo anticipar.

Este primer paso no es el final, sino la inauguración de una odisea que me llevará más allá de lo que puedo concebir en este momento. Soy consciente de mi pequeñez, de mi fragilidad, pero también de mi propósito. Mi existencia ha sido planeada, incluso antes de que tomara forma, y ahora que estoy aquí, en este punto inicial, siento que todo se mueve hacia adelante. Lo que soy ahora es solo una chispa, una semilla, pero en esta aventura, esa chispa será llevada a su máximo potencial. Mi viaje esta a punto de comenzar.

Sin ellos saberlo, me crearon, el proceso había empezado mucho antes de conocerse físicamente, fueron sus almas las que se atrajeron, y su fuerza magnética me construyo en el limbo de la conciencia. Con el pasar de los días, y el cortejo del amor, en lo más profundo de sus entrañas, una técnica milenaria había tenido lugar, me habían formado. Dentro de él, en unos diminutos túbulos seminíferos, es donde ocurre el milagro de la vida en su forma más básica. Es aquí, en lo profundo de un paisaje biológico escondido, donde comienza mi historia. Estos túbulos, aunque invisibles a simple vista, son el escenario donde se despliega una danza de vida antigua, repetida millones de veces desde el origen de la existencia. Aquí, en este lugar diminuto y silencioso, el destino de millones de células, incluido yo, está en juego.
Las células primitivas, conocidas como espermatogonias, son las protagonistas iniciales. Son las guardianas de una vida que aún no es, pero que está a punto de ser. Durante largos períodos, estas células permanecen inmóviles, en un estado de letargo, esperando la señal que desencadenará su transformación. No tienen conciencia de lo que serán, pero dentro de ellas se alberga la clave del futuro.
Es un proceso que ha perdurado a lo largo de las eras, repetido en ciclos sin fin, un eco de las primeras fuerzas que dieron origen a la vida misma. En estas pequeñas células dormidas, en espera de la señal adecuada, se encuentra el misterio de la existencia, el ciclo que transforma el potencial en materia, y este ser es obsequiado con la chispa de la vida. Todo está por comenzar, y en el silencio de estos túbulos, la historia de mi ser ya se está escribiendo.

Hoy llegó mi momento.
Con la activación de las hormonas, esas señales silenciosas que gobiernan todo, las espermatogonias comienzan a dividirse, a multiplicarse en un proceso llamado espermatogénesis. En cada división, me acerco más a la vida. Es un proceso que ocurre como si estuviera siendo dirigido por una coreografía ancestral, marcada por el ritmo

preciso de la biología. Las espermatogonias, que antes solo eran potencial dormido, ahora se despiertan con un fin. Comienzan a moverse, a cambiar, a dividirse. Con cada división, la célula que yo era empieza a diferenciarse, a asumir un papel más claro en este complejo proceso de creación. Me muevo a través de las fases de maduración, de una célula primitiva a algo mucho más sofisticado. La biología sigue su curso con precisión incuestionable, cada fase está diseñada para llevarme un paso más cerca de mi destino final.

A través de este proceso —la espermatogénesis—, me convierto en algo más que una célula indiferenciada. Paso de ser una simple espermatogonia a una espermatocito, luego a una espermátida, y finalmente, a un espermatozoide completamente formado. Cada etapa es un paso crucial, una transformación física y estructural que me prepara para el papel que debo desempeñar. Lo que era una simple célula ahora se transforma en una estructura con una clara misión.

Ahora tengo un propósito. Aunque todavía soy uno entre millones, algo dentro de mí sabe que este viaje no es trivial. Cada cambio, cada división celular me acerca más a mi derecho de seguir viviendo mi vida, de construir mi propio destino. Estoy siendo empujado hacia adelante, impulsado por una secuencia de cambios que ni siquiera entiendo del todo, pero que me están llevando inexorablemente hacia el siguiente paso en mi viaje.

Dentro de esos túbulos, el tiempo parece moverse en ciclos, como si la vida misma estuviera acumulando fuerza para la gran odisea que me espera, todo el entorno se prepara para mi despegue.

Una vez que cada espermatozoide, incluido yo, ha madurado, somos liberados, llevados al epidídimo, una estructura en espiral que funciona como una sala de espera. Aquí, flotamos en un estado de pausa, esperando nuestro momento. Es un lugar extraño, donde la anticipación es palpable, y aunque no estamos en movimiento, sabemos que somos parte de algo mucho más grande. La energía que hemos acumulado en este viaje es notable, y en esta sala de espera, esa energía se convierte en nuestra fortaleza.

El epidídimo es un mundo en sí mismo, un laberinto de caminos y recovecos donde millones de nosotros coexistimos. Aunque cada uno tiene su propia historia, todos compartimos un destino común. Mientras flotamos en este espacio, siento la vibración de mis hermanos a mi alrededor. Cada espermatozoide aquí es una chispa de vida, un guerrero de un ejército de alternativas, preparados todos para el momento en que se nos dé la oportunidad de cumplir con nuestro propósito, luchar por la vida que nos fue dada.

En este tiempo de reposo, la vida se siente como un ciclo eterno. Las corrientes de energía recorren nuestras formas, y hay un sentido de unidad en nuestra existencia. Estamos esperando, conservando nuestra energía, preparándonos para el momento en que la vida nos necesite. La vida misma parece acumular fuerza en este espacio, como un resorte comprimido, esperando el momento adecuado para liberarse y fluir hacia el futuro.

La atmósfera en el epidídimo es casi mágica. Aunque somos diminutos y aún carecemos de conciencia plena, hay una comprensión innata en todos nosotros; somos parte de un inmenso proceso. La espera no es en vano; cada día que pasa, cada segundo que transcurre, nos acerca más al momento de la verdad. La idea de ser liberados, de dejar este lugar y embarcarnos en nuestra misión, se siente como un canto de sirena, una llamada que nos empuja a prepararnos.

Al flotar en este estado de inactividad, los ecos de nuestras transformaciones resuenan en el aire. Cada uno de nosotros es una nota en esta sinfonía de vida, un sonido único que, cuando se une al coro de millones, crea una armonía poderosa y vibrante. Aquí, en este refugio biológico, siento que la esencia de mi ser se fortalece, y el ciclo de la vida continúa girando, esperando el momento en que podamos cumplir nuestra misión.

Mientras tanto, en otras partes del cuerpo, suceden otros acontecimientos que marcan la pauta del proceso, otros elementos de este fluido vital se preparan para cumplir su parte de la misión.

Las glándulas seminales, esas pequeñas fábricas biológicas, comienzan a producir el líquido que será nuestro transporte. Este fluido no es simplemente agua; es una mezcla meticulosamente equilibrada de nutrientes, diseñada para darnos la energía necesaria para el arduo viaje que se avecina. En el mundo microscópico de la biología, cada componente de este fluido vital es crucial, y cada uno de nosotros, en su propia manera, está ligado a este proceso.

A medida que el líquido seminal se va formando, siento cómo se convierte en una parte fundamental de nuestra existencia. No es solo un medio para llegar a un destino; es un refugio, un lugar donde la vida puede crecer y prosperar antes de lanzarse al mundo exterior. Este fluido es el combustible que nos permitirá enfrentar los desafíos del camino que está por venir, la protección que nos preparará para enfrentar las fuerzas que nos aguardan en su ruta.

Dentro de las glándulas, las células se afanan, trabajando incansablemente para asegurar que cada gota sea perfecta. Las proteínas especiales se integran, formando un escudo protector, mientras que la fructosa se añade, proporcionando la energía necesaria para nuestro viaje. Todo está cuidadosamente diseñado, como si la naturaleza hubiera planeado meticulosamente cada detalle de este sublime momento.

Mientras el líquido se acumula pacientemente, la anticipación se siente en el ambiente. Cada proporción contiene no solo nutrientes, sino también la esencia de lo que somos. En este momento, la energía que nos rodea es electrizante, y la conexión entre nosotros y este fluido es palpable. Nos estamos preparando para el momento en que dejaremos el epidídimo y nos embarcaremos en nuestra odisea, un viaje lleno de grandes posibilidades y muchos desafíos.

El viaje que está por venir no será fácil. Habrá obstáculos, adversidades que debemos enfrentar, pero en este instante, mientras el fluido vital se acumula y nos prepara, sé que somos parte de algo grandiosamente fantástico. El tiempo pasa, las energías se aceleran y revuelven el entorno, estamos en un punto de no retorno; cada célula, cada espermatozoide en el epidídimo es un guerrero viviente en espera del tal ansiado momento en que se de el pistoletazo de salida y de paso a la competición, todos estamos listos para luchar por nuestras vidas, y este nutriente fluido que nos rodea es nuestro vehículo.

Cuando finalmente seamos liberados, no seremos solo espermatozoides; seremos portadores de vida, una corriente de energía que se desplaza en busca de un destino. Este fluido es nuestro comienzo, y con él, llevamos el potencial de la creación. Estamos listos, llenos de fuerza, y aunque aún no sabemos qué nos espera, el impulso que nos ha llevado hasta aquí es la promesa de lo que podemos llegar a ser.

Amigo lector, si quieres experimentar el proceso de existir desde la nada, sentir todo lo que he expresado desde el principio hasta este momento, solo debes cerrar los ojos y ver. Lo que verás no es oscuridad, tampoco es nada. Es un vasto espacio interno, una extensión infinita donde todo lo que no ha sido aún, ya existe en potencia. En ese momento, el universo que observas no tiene forma ni límites; es un lienzo que espera ser pintado. Cada punto en esa negrura es una chispa dormida, una vibración en reposo, esperando el instante justo para convertirse en algo más.

Lo que vez, es el universo antes del universo. No hay estrellas, no hay tiempo, pero lo sientes ahí, en la profundidad de tu mente; el campo fértil de la potencialidad. Todo lo que podrías imaginar, todo lo que podría ser, y esta esperando que lo crees. Cada pensamiento, cada ser que podría existir, ya está presente. El simple acto de abrir los ojos se siente como el primer latido que despertó el universo. Mientras estén cerrados, verás la inmensidad del cosmos.

Cada uno de nosotros somos capsulas inyectadas con sed de conquista. Tenemos el poder de invadir el cuerpo, el espacio y el tiempo de lo que llamamos matriz, nos adherimos a ella y nos fusionamos en cuerpo y alma, su momento es mi momento.

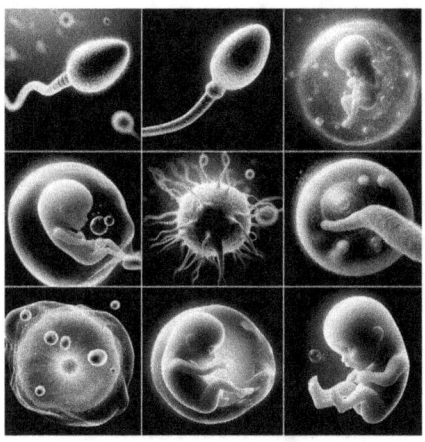

CAPÍTULO 7
LA MATRIX

Como un fogonazo de luz incandescente, se despierta en el alma opuesta, un cálido y tierno sentimiento, el maternal.

Al igual que la potencialidad había sentido una vibración lejana, la matriz había despertado en su conciencia; su energía era más cálida y tranquila, había sentido el llamado de la vida, gracias a ello, logró entender su propósito, sintió que su papel en la existencia del ser, era de vital importancia.

Su alma lo sabía, su ser lo necesitaba, no podía escapar de la naturaleza de sus sentimientos. Ella es la luz, su alma tiene el poder de la creación, es la matrix que da forma a la existencia. Acepta su destino y se dispone a recibir la semilla de la vida. Y aunque no lo esperaba, estaba preparada para recibirle. No había miedo, ni duda. Sabía que ese momento iba a llegar, y que aquel ser que se aproximaba desde la vastedad del no-ser, encontraría refugio en ella.

Celosa, cauta y selectiva, distinta en su esencia de la potencialidad, no experimentaba la necesidad de apresurarse. La primera es la vida misma, deseosa de nacer, y esta en cambio era paciente, como la tierra que sabe que eventualmente recibirá la semilla. No había ansiedad, solo una certeza firme, casi primordial, de que su papel estaba ya asignado en el gran ciclo de la creación. En esa serenidad que la envolvía, sentía que su momento le estaba esperando, como el alba que emerge inevitablemente después de la oscuridad.

Este llamado fue fulminante, y su conexión inminente, no era agresiva. Era como un susurro que se acercaba de manera imperceptible, un encuentro esperado desde los confines del no-ser. Las fuerzas cósmicas sabían que algo estaba por suceder, algo que trascendía la comprensión inmediata, pero que, de alguna manera, formaba parte de un plan más amplio. Aceptaba su papel sin titubear, con la certeza de que era el refugio destinado a aquello que buscaba nacer.

El entorno comenzó a cambiar. Comenzaba a formarse una sensación de lugar, de estructura. La potencialidad que venía empujada por su propia chispa vibrante había encontrado un sentido. Mientras que la fuerza vital protegía el nuevo ser que ambas habían creado. Aquella no fue una fusión delicada, el choque entre ambas rompieron las dimensiones y crearon la autonomía del ser, fueron tan compatibles y fluidas como dos corrientes que se encuentran en un río silencioso qué, en lugar de estrellarse, simplemente fluyen juntas. Y aunque aún faltaba el último paso, pero esa unión marcaba el preludio de un ser que, en ese momento, comenzaba su camino en el tiempo.

La transición del vacío a la formación de un espacio real fue sutil, pero profunda. Como si el cosmos mismo respirara por primera vez, lo que antes era ausencia comenzó a adquirir una presencia latente. Era un lugar aún indefinido, pero ya no era la nada absoluta. En este nuevo espacio, la chispa vibrante y la fuerza vital no se enfrentaron ni se anularon, sino que se entrelazaron con una gracia silenciosa.

Este encuentro, este acto de fusión, no se podía ver ni escuchar, pero su influencia reverberaba a través de todo lo que estaba por surgir. No había caos ni explosiones dramáticas; en cambio, todo fluía con una armonía casi orgánica, como si ambas fuerzas hubieran estado destinadas desde siempre a encontrarse en este momento preciso. La potencialidad, que había sido solo una promesa abstracta, comenzaba a sentir las primeras manifestaciones de forma y dirección. En su consciente, todo se activó con precisión milimétrica. Cada célula, desempeñaba su papel en una coreografía innata, estaban programadas desde el origen de la existencia.

El clímax biológico, el acto donde las dos fuerzas convergen, y sus almas se funden en una sola, la potencialidad; la promesa de lo que aún no es, se encuentra ante la posibilidad de ser.

En ese momento exacto, cuando están exhaustos de placer, la unión de sus almas llega al clímax, y es en ese preciso y precioso momento, en ambos se abren las compuertas del deseo, se siente la fuerza que ha engendrado a generaciones, esta sucediendo, y en ese instante, todo el sistema entra en acción, es el primer grito de libertad.
La próstata añade su propia mezcla al fluido, alcalinizando el semen para protegernos del ambiente ácido que nos espera. Es una colaboración perfecta, donde cada parte del cuerpo se sincroniza para lanzarnos a nuestra odisea. Esta liberación no es solo un acto físico, sino un rito ancestral repetido a lo largo de la existencia, donde lo que está por existir se lanza al gran misterio de la creación. Lo que sigue es una carrera hacia lo desconocido, un viaje que ha empezado desde el principio de los tiempos. Y aunque somos millones, cada uno lleva en sí la chispa de la vida, y la fuerza vital, el eco de la potencialidad que ha sido empujada al límite del ser. Este momento es más que biología; es el inicio de algo grande, algo que trasciende la simple mecánica del cuerpo para rozar los misterios de la existencia misma.
Soy parte de una legión. Nos ha llegado el momento de la liberación, millones de nosotros somos empujados a través de los conductos, transportados en una corriente de fluido que será expulsado hacia el exterior. Es un lanzamiento hacia lo desconocido, una explosión de energía que no podemos controlar pero que sabemos que nos llevará hacia la creación. No estamos solos. Somos millones, cada uno con el mismo destino, luchando por el mismo objetivo; alcanzar la matriz, fusionarnos con ella y dar inicio al todo.
El viaje es incomodo, cada vez estamos mas presionados. Cada uno de nosotros avanzamos impulsados por la fuerza que nos empuja hacia lo desconocido. No tenemos ojos, ni conciencia de nuestro entorno, pero somos parte de un destino biológico que se repite en cada ciclo de vida. La liberación no es un acto aislado; es el primer paso en una carrera donde solo uno logrará cumplir el objetivo. Sin embargo, incluso en esa inmensidad, existe una sensación de propósito colectivo.

Nos movemos juntos, pero cada uno de nosotros está envuelto en una lucha individual. No hay tiempo para detenerse, no hay lugar para vacilar. Todo lo que sabemos, todo lo que somos, está orientado hacia un solo fin; alcanzar ese espacio sagrado donde la potencialidad se transforma en realidad, donde la chispa encuentra su hogar y comienza el proceso de creación. Sabemos que debemos fusionarnos, y en esa unión, lo que aún no es, empezará a tomar forma.

La travesía no es fácil. Aunque somos millones, la gran mayoría no lo logrará. A lo largo del camino, muchos serán detenidos, otros perderán fuerza, pero yo seguiré adelante, con mi cuerpo diminuto, impulsado por la energía que me rodea. Cada movimiento es vital, cada impulso me lleva un paso más cerca de mi destino final. Estoy programado para nadar y resistir, para moverme a través del fluido seminal con una precisión instintiva, en busca de algo que aún no he visto, pero que sé que existe y me espera.

El viaje es una demanda de precisión y energía inagotable. Los obstáculos son invisibles para mí, pero sé que existen. Algunos compañeros se van quedando atrapados en recovecos del cuerpo, otros sucumben a la fatiga, pero yo no puedo detenerme. Algo dentro de mí, una fuerza que no entiendo, me impulsa a seguir luchando. No hay marcha atrás en el flujo, solo un impulso continuo hacia lo desconocido, hacia la posibilidad de mi ansiada existencia. En cada impulso, siento la vastedad de este viaje. El tiempo parece no tener relevancia, solo el movimiento importa. No tengo la capacidad de percibir más allá de lo que me rodea, pero algo guía mi destino, me conduce a un lugar más allá de este interminable camino de fluido.

Y así se pone a punto esta carrera por vivir, millones de nosotros seremos liberados en un camino incierto, pero lleno de propósitos. Somos conscientes de que solo uno logrará alcanzar su destino final. Yo, uno de esos millones, soy más que una simple célula. Soy el portador de la promesa de mi vida. En medio del caos y el movimiento frenético, existe una calma interna que me anima a seguir.

No puedo ver a los demás, pero siento su presencia, siento la presión de la competencia que se desarrolla a mi alrededor. La esencia de la vida que habita en nuestro interior, nos envía con un objetivo claro, solo de nosotros tendrá el privilegio de completar esa misión.

Es una carrera llena de riesgos, pero también de esperanza. Aunque no arranca del todo, muchos están cayendo en un camino de incertidumbre, aún así; yo me mantengo con fe inquebrantable hacia mi destino. Cada uno de nosotros es una posibilidad, un potencial de lo que podría ser. Mi existencia no es más que el reflejo de esa posibilidad, una chispa que busca fundirse en el fuego de la creación. Y aunque somos millones, algo dentro de mí dice que seré el elegido.

Mientras los cuerpos se funden en el fuego de las almas, la sensación de propósito a mi alrededor se vuelve más fuerte. Siento que la intuición me asegura el derecho a vivir. A pesar de los millones que compiten junto a mí, siento que hay algo especial en esté viaje, algo que me distingue. No tengo certeza de qué me aguarda, pero lo sé; soy parte de un plan que va más allá de mi existencia.

Perdido en los recovecos de mi conciencia, siento como mi entorno comienza a agitarse, se acelera el caudal que me rodea. Se siente la intensidad del inicio del viaje, el ritmo de cada impulso, todo parece sincronizado con un destino que aún no puedo ver. Siento que lo inevitable está a punto de suceder. Mi potencial, mi ser, está a punto de encontrar su lugar. Mi existencia, que aún no es completa, ha comenzado a definirse, siento el umbral ante mi.

El viaje es apenas el comienzo, la velocidad del torrente era incalculable, cada vez me acercaba más rápido a mi destino. No era uno más entre millones. Soy el que tomó forma y se lanzo hacia la odisea de la creación, lo estoy haciendo, el no-ser finalmente será.

Y al fin sucedió. Al atravesar la densa corona y la membrana, una explosión de luz incandescente me envolvió, iluminando cada partícula de mi ser. La energía se expandió en una fracción de segundo. Sentí al internarme en el óvulo, como cada estructura de mi esencia comenzaba a desintegrarse, reorganizándose en intrincadas líneas de información genética, como si una serie de instrucciones precisas y antiguas guiara el proceso.

Frente a mí, otra cadena de información genética esperaba. Su contenido, opuesto al mío, poseía un potencial igualmente vasto, como dos mitades que habían sido creadas para encontrarse. Ambas moléculas, cargadas de datos ancestrales, se acercaron en el núcleo del óvulo, atraídas por una fuerza tan sutil como irrefrenable

En un instante, nuestras hebras se fusionaron. Cada segmento se alineó con precisión. La fusión de genes dio origen a un cigoto, la célula primordial en la que se condensaba todo el potencial de una nueva vida. En el óvulo, un código único empezó a escribirse, uno que definiría una existencia completa. Era el inicio de un proceso maravilloso y complejo, en el que cada molécula, cada enlace y cada átomo tomaba su lugar con exactitud. Así comenzó la vida, desde el primer destello hasta la primera célula completa.

He llegado, soy la chispa que encontró su descanso en la calma de esta nueva conciencia. Ahora tenía un hogar, un espacio donde desarrollarme, donde crecer. Este espacio recién creado, aunque aún en desarrollo, tiene ya una promesa latente. No es solo la unión de dos energías, sino el preludio de una vida consciente y autónoma. Cada vibración, cada frecuencia, era un eco de lo que estaba gestándose. En esta fase, la potencialidad ha dejado de ser solo una idea abstracta; ahora es una presencia palpable, una fuerza que comienza a manifestarse en formas aún incomprensibles.

Sigo existiendo en el borde de lo que será, pero ya no soy el mismo. Mi forma empieza a delinearse en esa fusión de fuerzas que ahora me acoge. No hay prisa, pero hay certeza. Todo a mi alrededor ha comenzado a transformarse en un preludio a la creación. Este es el umbral, el borde del nacimiento que jamás había sido imaginado. La nada está cediendo, y en su lugar, surge la posibilidad concreta de ser.

CAPÍTULO 8
CONCIENCIA

Un ser de aspecto humanoide de mediana edad, abre los ojos en una habitación blanca, pequeña y sin ventanas. No recuerda cómo llegó allí ni por qué está encerrado en ese lugar. La habitación está vacía, mira su entorno y ve que está acostado en una cama con sábanas blancas, rodeado por un silencio absoluto. La habitación es minimalista, al quitarse la sabana, se da cuenta que lleva una licra blanca que le cubre todo su cuerpo, solo se le ven las manos y el rostro. La primera impresión es abrumadora; hay una blancura inmensa que lo envuelve todo, una especie de espacio donde cada borde y cada rincón parece desaparecer en el mismo entorno. Sus ojos recorren el espacio con una mezcla de incredulidad y desconcierto, intentando encontrar algo que lo ancle a la realidad, algo que le dé sentido a lo que está experimentando en ese nuevo escenario. De pronto, al mirar fijamente hacia la pared que está a un costado de la habitación, aparece una mesa y una silla blanca, a parte de eso; no hay nada más en ese espacio. Ninguna pista, ninguna huella de un pasado o un futuro. Solo está él, y ese blanco infinito.

El silencio no es solo la ausencia de ruido, es un momento denso y aplastante. Es como si el sonido mismo hubiera sido despojado del eco de sus pensamientos. No hay ni un leve murmullo, todo se ha suspendido en el tiempo, dejándolo atrapado en ese instante interminable.

Los detalles empiezan a hacerse más claros, pero ninguno ayuda a aliviar la sensación de extrañeza. La cama donde está acostado no parece tener ni principio ni fin, como si formara parte de la misma habitación, una extensión del espacio blanco. Las sábanas, lisas y pulcras, lo cubren con una perfección casi antinatural. A su lado, la mesa y la silla, también blancas, son simples, desprovistas de cualquier carácter o historia. Todo parece diseñado para no ser vivido, ni para existir en un estado inmutable, es como un escenario sin actores.

Es un espacio creado para su aislamiento, su desconexión con cualquier otra cosa que haya conocido. La blancura y el silencio lo consumen, provocando una inquietud que comienza a crecer lentamente en su interior, es una semilla de duda plantada en un terreno árido.

El ser se mira las manos y las ve gruesas, con venas pronunciadas y fuertes. Se toca el rostro y siente sus facciones varoniles. Se levanta de la cama, tiene los pies descalzos; el suelo es de color blanco al igual que todo lo que hay en la habitación. Camina hacia donde está la mesa y la silla, vuelve la mirada hacia la cama y ve que hay una almohada que no había visto antes. En eso, vuelve la mirada hacia el frente y ve al costado de la mesa que hay una nevera blanca sin puerta. A medida que sus sentidos se agudizan, empieza a explorar su propio cuerpo, sintiendo la textura de su piel y la solidez de sus músculos. Hay una fuerza que lo acompaña, una robustez que parece contradecir la fragilidad del lugar en el que se encuentra. Las venas en sus manos son como cordones azules que se entrelazan con la vida que aún no entiende, una energía que él apenas puede reconocer.

Cuando se toca su piel, siente la familiaridad de su rostro, pero también la extrañeza. Las facciones varoniles que le otorgan un sentido de identidad, le parece extraño. Cada línea de su cara, cada surco en su piel, cuenta una historia que no recuerda. A medida que su mente intenta encajar las piezas de un rompecabezas sin imagen, la confusión se mezcla con un resquicio de fuerza, una voluntad de seguir adelante, de comprender lo qué está sucediendo.

Los pies descalzos siguen tocando el suelo blanco, y en ese contacto, siente una sacudida. Es como si el frió penetrara en su ser, despertando cada fibra de su existencia. Al caminar hacia la mesa, su mirada se encuentra nuevamente con la cama; la almohada, ahora visible, es un recordatorio del descanso que aún no ha podido disfrutar. El simple hecho de que algo tan común y cotidiano como una almohada haya pasado desapercibido en su primer análisis lo sumerge en una nueva ola de frustración.

Finalmente, su atención se dirige a la nevera blanca, que se erige silenciosa y enigmática en un rincón. Su forma es simple, casi infantil en su diseño, pero el hecho de que no tenga puerta lo desconcierta. ¿Cómo se supone que se usa? Es un objeto familiar, pero en este contexto, se siente completamente ajeno. Se acerca, su curiosidad lo lleva a explorar lo que parece ser un artefacto de la vida que ha dejado atrás, aunque no tiene claro qué significa eso en este momento. ¿Es un refugio o una trampa? La pregunta se hace eco en su mente mientras observa la extraña paradoja de su nueva realidad; está rodeado de objetos cotidianos que, sin embargo, no le ofrecen consuelo ni respuestas. Se sienta en la mesa y se pregunta.

¿Cómo llegué aquí? ¿Por qué estoy aquí? Su rostro muestra confusión y ansiedad. Comienza a explorar la habitación; le sorprende mucho que la nevera no tenga puerta, aun así la examina. Mira sus manos, pero al volver a verlas; se vuelve a sorprender. Son delicadas, siente un bulto en su pecho que antes no había, se toca y se asusta.

Sentado en la mesa blanca, siente que las preguntas retumban en su mente como un eco persistente. La habitación, tan despojada y pulcra, debería ofrecerle calma, pero en su lugar, le provoca un creciente sentido de claustrofobia. "¿Cómo llegué aquí?", Se repite una y otra vez, como un mantra que intenta desentrañar el misterio de su confinamiento. Su ansiedad crece, y la incomprensión se convierte en un nudo en su estómago.

Cada rincón de la habitación le parece un reflejo de su propia confusión. Al examinar la nevera, una extraña mezcla de curiosidad y miedo se apodera de ella. La ausencia de puertas es inquietante, un recordatorio de su impotencia. Se siente como una exploradora en un territorio hostil, enfrentándose a un enigma que no sabe cómo resolver. Cuando se acerca, una sensación de impotencia la inunda. Esa máquina inanimada, aparentemente inofensiva, se convierte en un símbolo de su desesperación por encontrar respuestas.

A medida que sus ojos recorren su cuerpo, nota la transformación. Sus manos, que hace un momento eran fuertes, ahora son suaves. Se siente como un extraño en su propia piel, como si estuviera usando un disfraz. Toca su piel, y un escalofrío le recorre la espalda. ¿Qué significa esto? ¿Por qué ahora su cuerpo parece haber cambiado? Las preguntas giran en su mente como un torbellino.

La confusión se intensifica. Se siente como un espectador en su propia vida, como si un velo de neblina cubriera sus recuerdos. A cada instante, las imágenes de lo que podría haber sido se desvanecen, dejándolo atrapado en esta habitación blanca, vacía de significado y llena de incertidumbre.

En su banal letargo, su mente busca un ancla, un hilo que lo conecte con su pasado. Sin embargo, no hay nada. Solo el silencio con una pregunta. ¿Por qué estoy aquí? ¿Qué he hecho para merecer esto?

Mientras estas preguntas flotan en su mente, siente que el silencio se convierte en un grillete, un recordatorio constante de su soledad. Levanta la mirada y ve que la nevera tiene manija, se puede abrir. Se acerca rápidamente a ella y la abre. Al abrirla, ve que dentro de la nevera hay alimentos, pero están detrás de una puerta transparente; no hay manera de acceder a ellos. Cierra la nevera y se sienta en la silla, coloca sus manos sobre la mesa y sigue observándolas. Comienza a sentirse hambrienta y sedienta, se siente cada vez más ansiosa.

Se levanta de la mesa con su mirada fija en la nevera, la única fuente de esperanza en este vacío desconcertante. Con un movimiento fuerte, agarra la manija de la nevera, pero ahora sus manos son gruesas, el anhelo de saciar su hambre hace que supere su miedo.

La imagen de los alimentos inaccesibles son un cruel recordatorio de lo que no puede tener. La impotencia se convierte en un grito silencioso en su interior; todo lo que desea está allí, al alcance de su mano, pero es totalmente inalcanzable.

Cierra la nevera con un golpe seco, el ruido resuena en la habitación como un eco de su frustración. Se sienta de nuevo en la silla, sus manos apoyadas sobre la mesa blanca, observando el reflejo de sus dedos, que parecen temblar ligeramente. La mesa, al igual que el resto de la habitación, es un lienzo en blanco que intensifica su sensación de vacío y aislamiento extremo.

La angustia le aprieta en el pecho, una necesidad que se intensifica con cada segundo que pasa sin saciarse. La ansiedad se mezcla con la desesperación, y es cuando él siente que está a punto de desvanecerse.

Las paredes de la habitación parecen cerrarse a su alrededor, y cada latido se siente como un estruendo. El hecho de no entender lo que pasa, le convierte en la representación de sus deseos insatisfechos, y en un momento de claridad, comprende que esta habitación no solo lo ha privado de su realidad, sino también de su propia identidad. Su existencia se reduce a un ciclo de hambre y ansiedad, como si el tiempo hubiera dejado de fluir. En ese instante, él se da cuenta de que su lucha por comprender su entorno va más allá de la simple necesidad de alimentarse. Es un grito desesperado por reconectar con algo que lo defina. ¿Quién es él realmente en este lugar desprovisto de referencias? ¿Es solo un cuerpo hambriento, o hay algo más que espera ser descubierto? Esa pregunta resuena en su mente, un eco que persiste mientras el silencio lo envuelve nuevamente, dejándolo con la sensación de que la lucha por su identidad está apenas comenzando. A medida que pasa el tiempo, su cuerpo se siente más fuerte; se vuelve más varonil. Se va adaptando a su nueva realidad.

Pasa el primer día en la habitación. Camina por ella mostrando una frustración y desesperación que no logra identificar de dónde proviene. La luz tenue se apaga gradualmente, él se sienta en la cama, mira a su alrededor y solo ve cómo todo se oscurece. Se acuesta y cierra los ojos; en la penumbra de la oscuridad que le precede, siente que solo le rodea el silencio del palpitar incesante.

Los días en la habitación blanca comienzan a desdibujarse en una sucesión monótona. A pesar de su creciente fuerza física, una sensación de vulnerabilidad lo invade. Cada movimiento que hace, cada paso que da sobre el frío suelo blanco, se siente como una lucha interna, como si su cuerpo estuviera tratando de recordarle su humanidad en un espacio que le es ajeno. Se aferra más a su forma física, pero la esencia de quién es se va desvaneciendo, perdida en la nada.

Mientras camina por el pequeño espacio, su mente gira como un torbellino de pensamientos y emociones reprimidas. ¿Por qué se siente así? La frustración no solo proviene de su confinamiento, sino también de la incertidumbre que lo rodea. Intenta racionalizar su situación, buscar respuestas en el silencio que lo envuelve, pero todo lo que encuentra son ecos vacíos que resuenan en su interior. La desesperación se hace palpable, como una sombra que lo sigue a cada paso.

Al llegar a la cama, se sienta en el borde y observa la habitación. Todo es blanco, pulcro, pero al mismo tiempo opresivo. No hay matices, no hay colores que alegren su mundo. Siente cómo la ansiedad se acumula en su pecho, a pesar de su creciente fortaleza física, su mente está atrapada en una red de confusión y temor.

Con un suspiro profundo, cierra los ojos y se deja caer sobre la cama. El silencio lo envuelve como un abrazo frío. En la oscuridad de su mente, siente que su cuerpo se relaja, pero su mente sigue agitada en la inmersión silente. ¿Qué significa todo esto? Su vida antes de despertar aquí se siente tan distante, casi como un sueño del que no puede recordar los detalles. La habitación, a pesar de su aislamiento, se convierte en un reflejo de su propio estado emocional.

A medida que la oscuridad se profundiza, una sensación de resignación lo envuelve. La soledad se convierte en su compañera constante, y en la penumbra, comienza a preguntarse si hay algo o alguien más ahí fuera, en el vasto mundo que ahora le parece inalcanzable. La necesidad de conexión lo consume. ¿Alguien lo está buscando? ¿Alguien lo extraña? Con cada pregunta, una parte de él se quiebra, siente que una parte de su ser está ligado a otros, a experiencias compartidas, y en esta habitación, todo eso parece haber desaparecido.

En la penumbra, el silencio se convierte en su enemigo, cada susurro le recuerda lo solo que está. Sin embargo, en medio de la oscuridad, algo en él comienza a despertar. Una chispa de resistencia. Tal vez, aunque esté atrapado en esta habitación sin ventanas, aún hay una parte de él que se niega a rendirse. En su soledad, decide que no permitirá que esta confusión lo consuma. Aunque la habitación sea un lugar de vacío, aún puede encontrar formas de llenar ese espacio con su propia fuerza, su propia búsqueda de verdad.

Al siguiente día, vuelve a despertar en la cama; se da cuenta de que la nevera está abierta, ya no tiene la barrera que le impedía acceder a los alimentos, por fin puede alimentarse. La habitación blanca es una experiencia desorientadora. La luz se filtra a través de la ausencia de ventanas, inundando el espacio con una luminosidad casi irreal. Él siente una confusión momentánea, como si el sueño aún se aferrara a su mente. Siente la suave frialdad de las sábanas blancas en su piel, y se aferra a la posibilidad de que quizás, solo quizás, este día traerá algo de claridad. Se levanta lentamente, sus pies descalzos vuelven a hacer contacto con el suelo liso y frío. Se dirige hacia la nevera, su corazón late con una mezcla de ansiedad y esperanza. La visión de la puerta abierta le envía un torrente de anticipación.

Al acercarse, él observa el interior de la nevera; ve alimentos que resplandecen. Hay algo casi surrealista en la imagen; cada objeto parece brillar con una pureza extraña. Se siente atraído por lo que ve. ¿Qué significa eso? La posibilidad de alimentarse despierta en él una necesidad visceral, un anhelo que ha estado latente desde que despertó en esta prisión blanca.

La luz de la nevera parece tener un brillo propio, un aura que promete vida. Su estómago ruge, un sonido profundo que resuena en la quietud del entorno. Al ver los alimentos, algo se mueve dentro de él; la idea de poder comer, de reabastecer su cuerpo, infunde una nueva energía en su ser. Se siente como un náufrago en una isla desierta, vislumbrando la posibilidad de rescate.

Entiende que no solo se trata de alimentarse físicamente, sino de nutrir su espíritu. La lucha por la comida es un símbolo de su lucha por la libertad. Así que se detiene, reflexiona y se prepara para enfrentar la realidad de su confinamiento, decidido a encontrar su camino a través de la confusión y la soledad.

El silencio también pesa. En el comienzo, la calma era reconfortante, un refugio que permitía el reposo de su mente. Ahora, se transforma en un eco ensordecedor, un susurro constante que parece burlarse de su condición. La falta de sonidos, de voces, intensifica su angustia. Se pregunta si hay otros, si alguien más comparte este aislamiento con él. Esa idea le produce un leve consuelo, la posibilidad de no estar solo en su sufrimiento. Pero la soledad también lo impulsa a la locura.

A medida que la incertidumbre crece, comienza a experimentar visiones que surgen en los bordes de su mente. Imágenes distorsionadas de su vida antes de despertar en la habitación blanca se entrelazan con sus recuerdos. En el vislumbra fragmentos de rostros, conversaciones, risas que parecen llegar de un pasado que ya no puede tocar. La confusión se mezcla con la nostalgia y la desesperación. Estas alucinaciones se vuelven más vívidas, como si el mismo espacio en el que se encuentra estuviera desmoronándose alrededor de él. Se siente atrapado entre dos realidades. Los recuerdos se entrelazan en un torbellino emocional que lo deja sin aliento. En un intento de romper el silencio, comienza a hablar en voz alta, llamando a aquellos que podrían estar con él, aunque la lógica le dice que está solo.

Su mente, una vez clara, comienza a desmoronarse, las fronteras entre lo real y lo imaginado se difuminan. En un momento de desesperación, se levanta y comienza a golpear las paredes, buscando una salida, un escape de la prisión blanca que lo atrapa. Cada golpe es un grito mudo, un clamor por la libertad. Pero las paredes, como la realidad, permanecen inmutables.

Finalmente, se desploma en la cama, sintiendo que el peso de la soledad lo aplasta. Cierra los ojos, deseando que al abrirlos, la habitación se haya desvanecido y que el mundo real lo haya recuperado. Pero el silencio sigue siendo absoluto, y en ese silencio, se da cuenta de que la lucha por su cordura es tan crucial como su lucha por la libertad.

CAPÍTULO 9
RUIDOS DETRÁS DE LA PUERTA

En su nuevo entorno de vida, no existe el tiempo. Mide los ciclos según el espacio, el movimiento, la calma o los destellos de claridad que le afectan. Al tercer ciclo, despierta con una especie de liquido en su piel, esta sudando, siente el cuerpo caliente, mira sus piernas, son lisas y torneadas, sus pies finos, muy delicados. Sus manos son mas suaves, se toca los pechos por instinto y vuelve a sentir dos bultos carnosos. En eso; escucha un ruido fuera de la habitación.

Pensó que era su imaginación, siguió explorándose. Al tocarse la suavidad del rostro, siente una sensación extraña, su cuerpo le resulta familiar y al mismo tiempo distante, como si no le perteneciera. Cada toque que da sobre su piel es un redescubrimiento, como si no hubiera existido antes. Sin embargo, se volvió a escuchar el ruido, le arrancó de la ensoñación en la que estaba inmersa. En ese instante, su respiración se entrecorta. Es La calidez de su cuerpo contrasta con el frío desconocido que proviene del exterior, algo que la hace sentir inquieta.

No puede evitar preguntarse si realmente está sola. ¿Es ese ruido parte de sus pensamientos desbocados o es algo más, algo tangible que se mueve más allá de la puerta? Un leve escalofrío le recorre mientras el silencio, tras el sonido, parece hacerse más denso, casi palpable.

Al mirar fijamente a la pared que se encuentra a su derecha de la habitación, empieza a ver una fina línea gris que comienza a aparecer. Se sorprende al verla, era algo que nunca antes había visto. Cerró los ojos para intentar ver con claridad, y al abrirlos, el contorno de una puerta se había formado, pero no tenía ningún tipo de cerradura, manijas, ni bisagras, era solo un rectángulo delimitado por una fina línea negra. De pronto, el ruido se volvió a escuchar. Se levantó de la cama y se acercó a la puerta, intentando escuchar con mayor atención.

La línea negra parecía cobrar vida con cada latido de su corazón, creciendo lenta pero inexorablemente, hasta definir ese contorno inquietante. Una puerta que no era puerta, un espacio marcado por algo invisible. El sudor en su piel, que antes había sentido como una fiebre interna, ahora parecía frío ante la presencia de esa figura geométrica que rompía la monotonía de la habitación. Cada paso que daba hacia la puerta era un desafío a la lógica, como si el hecho de acercarse; la conectara con algo más allá de lo que comprendía.

El ruido, esa especie de susurro distante, la llamaba, pero la respuesta permanecía oculta. El espacio a su alrededor parecía detenerse. Por un momento, no era la puerta lo que la inquietaba, sino lo que se encontraba más allá, aquello que no podía ver, pero estaba segura que algo se encontraba allí, acechando en el silencio.

El ruido era débil, se sentía como si alguien se estuviera moviendo afuera. La mujer retrocede, se siente aterrorizada, de pie junto a la puerta, el miedo la paralizó por un momento. Dio otro paso atrás, su mirada estaba fija en el rectángulo negro que parecía latir como un corazón desbocado. Retrocedió más, hasta que el colchón tocó la parte trasera de sus piernas, forzándola a sentarse de nuevo. El sonido, apenas un murmullo detrás de la puerta, parecía raspar la superficie de su mente, haciendo que su imaginación corriera desbocada. Era el tipo de ruido que, aunque insignificante, cargaba con la pesada incertidumbre de lo desconocido. Cada vez que se repetía, su piel se erizaba como una respuesta involuntaria, un instinto de supervivencia que se activaba desde lo más profundo de su ser.

Se abrazó a sí misma, buscando consuelo en el calor de su propio cuerpo, preguntándose si alguien o algo la estaba observando desde el otro lado. La sensación de estar vigilada se hizo tan intensa que casi sintió unos ojos perforando la fina línea que delimitaba la puerta.

El cálido ambiente le hace sentir aliviada por un momento, pero pronto recupera su miedo. Comienza a preguntarse quién o qué está fuera de la habitación, y si tiene malas intenciones contra ella.

De pronto, se levanta de la cama con valor, y al dar un paso, ya no era frágil, tenía fuerza en sus manos, se sentía valiente.

Sentirse así, le ofrecía una sensación de seguridad, un parpadeo de normalidad que le permitió exhalar el aire que había estado conteniendo. El miedo retrocedió momentáneamente, como si fuera capaz de silenciar todos los misterios. Sin embargo, esa sensación de alivio duró poco. Sus pensamientos se agitaron, ahora teñidos de una inquietud más aguda; la idea de que algo o alguien pudiera estar esperando, observando desde el otro lado, alimentaba su ansiedad. ¿Era un eco de lo que estaba por venir?

Se sentía extrañado por el cambio de su cuerpo, el mismo que hace un momento parecía frágil y vulnerable, ahora respondía con una firmeza inesperada. Su respiración se volvió más profunda, y sus manos, que antes temblaban, ahora se apretaron con vigor. Se acerca a la puerta y gritó. ¿Quién está allí?

El ruido se detuvo, y él se quedó en silencio, esperando una respuesta, pero fue inútil. El eco de su grito resonó en la habitación, rompiendo el silencio como un cristal que se quiebra en mil pedazos. Su voz, profunda y cargada de una mezcla de miedo y valentía, reverberó en el aire antes de desvanecerse en el vacío. Durante un instante, se quedó inmóvil frente a la puerta, los oídos aguzados, el corazón latiendo con fuerza en el pecho. La espera se tornó interminable, como si el tiempo mismo hubiera decidido detenerse justo en ese momento.

Sin embargo, la ausencia de respuesta fue aún más desconcertante que el ruido mismo. Volvió a la cama, su cuerpo volvió a sufrir un cambio, sintió una mezcla de desconcierto al volver a ser ella. No había peligro inminente, pero tampoco una explicación a su feminidad.

La sensación de ser observada regresó, aún más fuerte que antes. No era paranoia, sino una certeza inquietante que crecía en su mente. Sentía que algo estaba presente, algo que no se mostraba, pero que estaba allí, esperando el momento adecuado para revelarse.

La lucha por sobrevivir y mantener la cordura en la habitación hace que investigue todo su entorno. Comienza a explorar la habitación de manera más agresiva y descubre algunas cosas que le pueden ayudar a sobrevivir. En ese nítido color blanco empieza a encontrar objetos del mismo color que puede utilizar para crear armas para defenderse. El ambiente en la habitación, con su serenidad superficial, escondía una creciente tensión que la empujaba a actuar. La sensación de no estar sola y la incertidumbre de lo que había más allá de la puerta comenzaron a consumir su mente, y cada rincón de la habitación le parecía más opresivo. La blancura de las paredes, que antes había percibido como tranquila, ahora le resultaba asfixiante, como si le ocultara algo. Cada sombra, cada rincón se volvía sospechoso.

Desesperada por no sucumbir a la sensación de encierro, comenzó a explorar la habitación con una intensidad que rozaba la desesperación. Buscaba algo, cualquier cosa que pudiera darle una sensación de control o seguridad, cualquier pista que le ayudara a entender lo que estaba sucediendo.

Sin previo aviso, según pasa el tiempo, ella se convierte en él, una versión más primitiva de sí misma. El tiempo transcurre lentamente, y él sentía cómo algo en su interior cambiaba. La sensación de aislamiento y la creciente incertidumbre sobre lo que estaba sucediendo, lo empujaban hacia una transformación que no podía controlar. El constante silencio, interrumpido solo por el misterioso ruido detrás de la puerta, hacía que cada pensamiento se volviera más instintivo.

Su cuerpo también comenzó a reflejar esa transformación. Sus movimientos se volvieron más bruscos, más reactivos. Caminaba por la habitación como una bestia enjaulada, cada ruido lo hacía tensarse, preparado para atacar. Sus manos, que antes acariciaban con delicadeza, ahora sostenían con fuerza, como si en cualquier momento pudiera necesitar usarlos. Quizás la única manera de sobrevivir en esa situación era dejar que su instinto más básico tomara el control.

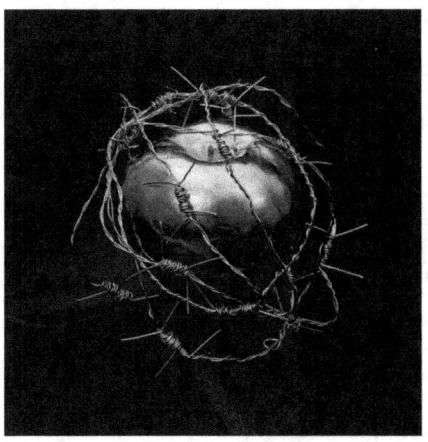

CAPÍTULO 10
SER O NO SER

S i algo tenía claro, es que no sabía quién era. No tenía noción de su apariencia, solo podía tocarse, sentirse fuerte y suave al mismo tiempo. Reconocía en su carácter, una mezcla confusa de miedo y voluntad para seguir adelante. Era una lluvia de sensaciones que no lograba definir. ¿Quien era? Estaba claro que nadie le iba a responder esa pregunta. Entre otros factores, había algo que tampoco podía comprender, y eran los cambios en su cuerpo, era como una doble identidad, una que le hace sentirse fuerte como él y suave como ella.

Nunca antes había experimentado esos sentimientos. Y paso, empezó a sentir esa energía interior que habita en la base de su conciencia. Era un ser vivo creado por la fusión de la potencialidad, una chispa vital que dio sentido a la conciencia y la atrapó en un cuerpo biológico que inicia su lucha por sobrevivir en un mar de confusiones.

Se encontraba en un estado de transición, de búsqueda. Su piel, al tacto, le revelaba una extraña familiaridad y, al mismo tiempo, una alienación completa. No podía verse, pero el simple hecho de existir lo obligaba a confrontar su cuerpo, su mente, su ser en una dualidad constante. Sentía que su fuerza y fragilidad se entrelazaban, como si su identidad estuviera fragmentada en partes que no lograban encajar.

Las preguntas sobre su propia naturaleza lo atormentaban, y no era solo una cuestión de género, sino de esencia. ¿Qué significaba ser algo, ser alguien? Cada vez que intentaba responderse, las palabras se desvanecían antes de tomar forma.

El instante en que el ser, debe enfrentar su primera gran decisión es, al mismo tiempo, un momento de plenitud y de desafío. En este umbral, donde el pasado no existe y el futuro es un horizonte aún oculto, la conciencia se abre camino a través de posibilidades que la rodean como ecos antiguos y, a la vez, ajenos. En esta etapa, el ser lucha con la urgencia de definirse, de hallarse, de entender su lugar en el todo.

Por primera vez iba a tomar decisiones que marcarían su destino y, al hacerlo, empieza a forjar un espacio en el que el ser, empieza a adquirir una identidad. En ese instante, no hay aún palabras, no hay pensamiento claro; sólo una sensación envolvente, una presión que parece provenir desde el mismo tejido de su esencia, como si cada partícula de su incipiente ser exigiera una respuesta. La conciencia se vuelve receptiva, absorbiendo cada impulso, cada indicio, como si estuviera calibrando una elección de una importancia trascendental.

En esta danza de probabilidades, el ser percibe que cada decisión lo lleva más cerca de algo ineludible, que cada ínfimo cambio en su percepción es una puerta que se cierra para abrir otra. Ser uno u otro, él o ella, no es una simple elección, sino una resolución que marcará cada paso de su futura existencia. No es una decisión que se toma, sino; la respuesta a un llamado a ser fiel a una sola esencia.

El ser se deja ir en cada pequeño impulso, en cada fragmento de identidad que aparece y desaparece como luciérnagas en la oscuridad de su conciencia. Hay un momento en que, en medio de esa exploración, la esencia misma parece hablarle, dictarle en silencio que su destino está ligado a la manera en que enfrentará su primera gran verdad. Y es allí, en ese breve parpadeo de entendimiento, donde la conciencia toma la resolución de ser un "yo". Desde lo más profundo de esa identidad embrionaria, emite una señal, la primera de todas, una decisión que envía hasta el cerebro incipiente, como una orden silenciosa que talla la base misma de su ser. "Seré él." O tal vez, en otro universo de posibilidades, "Seré ella."

En ese momento, algo poderoso sucede; el ser siente cómo la conciencia toma forma en cada célula, y el simple acto de decidir se convierte en el cimiento de su existencia.

Trataba de encajar sus ideas, volvía tras sus pasos para ordenar lo que había experimentado hasta el momento. Aquellos raros cambios de personalidad, de estructura física, y sobre todo, una extraña sensación de pérdida. Sentía como si alguna parte de él se estuviera desvaneciendo, dejando un vacío en su ser. Esa sensación no era simplemente emocional; era como si algo tangible hubiera dejado de existir dentro de él, pero no lograba identificar qué era.

En su mente, los recuerdos, si es que podían llamarse recuerdos, se entremezclaban con fragmentos de experiencias que parecían no ser suyas. Había momentos en los que su cuerpo cambiaba, en los que una fuerza desconocida lo moldeaba sin previo aviso. Hace poco era suave, pero de pronto; su piel se volvió más áspera, sus manos más grandes, sus músculos más tensos.

Mientras trataba de organizar los ya creado pensamientos en el lienzo del pasado, sentía que sus intentos solo lo arrastraban al caos.

En medio de sus lagunas mentales, de repente, siente como la puerta de la habitación emite un extraño crujido. El sonido era áspero y prolongado, como si la misma realidad se estuviera desgarrando frente a él. Su respiración se detuvo por un segundo, mientras todo a su alrededor parecía ralentizarse.

Hasta ese momento había sido un ser fuerte, pero ahora se hacía tangible, era ella, en su estado de alerta, instintivamente se escondió debajo de la cama. Allí, acurrucada y casi paralizada, observó la puerta con los ojos muy abiertos. El terror la invadió, pero no podía apartar la vista de aquel pomo blanco que había aparecido de la nada. El pomo se movía lentamente, girando con una precisión y chirrido aterrador, mientras el rectángulo oscuro comenzaba a expandirse. La grieta se hacía más grande y, a través de ella, una figura oscura emergió, su silueta alta y delgada avanzó en completo silencio. Era una presencia que absorbía la luz de la habitación, lo envolvía todo en una sensación de vacío. La energía de ella vibraba con fuerza desmedida. Sentía cada golpe como un tambor dentro de su pecho, y sus piernas temblaban tanto que temía no poder sostenerse.

El ente se acerca a la mesa y mira con una expresión inexpresiva. Su rostro, aunque carecía de rasgos, parecía emitir una energía que la envolvía, una especie de magnetismo que la mantenía cautiva, sin poder moverse. Ella, aún escondida detrás de la mesa, se sentía como un animal acorralado, consciente de que la más mínima acción podría desatar una reacción inesperada. Mientras el ente se aproximaba, su respiración se volvía más pesada, y cada inhalación parecía vibrar en la atmósfera estática que la rodeaba. La figura se detuvo frente a ella, manteniendo una distancia prudente, como si estuviera midiendo su reacción. Ella pudo sentir una intensidad en su mirada que la atravesaba, como si pudiera leer sus pensamientos más profundos.

El silencio se volvió ensordecedor. Era un silencio que no solo ocupaba el espacio, sino que también sintió que su mundo se reducía a ese único instante, a ese único encuentro.

La figura extendió su mano. Ella esperó lo inevitable, la sensación de que sería arrastrada hacia un destino desconocido, pero en su lugar, el ente le entregó un paquete pequeño. Su mano tembló al tocarlo, como si el objeto tuviera su propia energía. El ente se retiró con la misma calma inquietante, desapareciendo tan silenciosamente como había llegado, dejando tras de sí un eco de incertidumbre.

La puerta se cerró, y la habitación recuperó su silencio opresivo. Ella se sintió sola una vez más, pero esta soledad era diferente, quedó marcada por la curiosidad. A su alrededor, todo seguía igual, pero en su interior, el desconcierto comenzaba a tomar forma. Observó el paquete que le había dejado el espectro, y en un impulso incontrolable la llevó a la mesa. Sin saber por qué, sabía que debía abrirlo.

El paquete sobre la mesa parecía haber capturado la esencia de aquel encuentro, como si llevara consigo un peso intangible, una promesa de revelaciones que aún no comprendía. Aturdida, se acercó lentamente al objeto. Era pequeño, envuelto en un papel que parecía estar hecho de alguna tela suave y extraña, sin ningún rasgo distintivo. Su corazón latía con fuerza, y mientras lo sostenía entre sus manos, sintió una oleada de energía que emanaba de él, como si el paquete estuviera vivo, palpitaba con una vibración propia. Era un momento en que el tiempo parecía haberse detenido; nada más importaba.

El ambiente a su alrededor se tornó más denso, casi tangible, como si el aire estuviera cargado de expectativas. Se sentó en la silla, un gesto que la acercaba a la realidad que estaba tratando de comprender. Con un impulso que brotaba de una mezcla de miedo y curiosidad, comenzó a deshacer el envoltorio.

Lo que había dentro, era un pequeño libro y una nota. La nota decía. "La respuesta está en este diario". Las palabras parecían brillar con una luz propia que la instaba a seguir adelante. El libro tenía un aspecto antiguo, sus páginas amarillentas parecían contener secretos guardados. Sintió una necesidad abrumadora de conocer la verdad que se escondía en aquellas páginas. La combinación de su mensaje y el aura del objeto despertó algo en ella, un fuego que la empujaba a buscar respuestas, a descifrar el enigma que ahora ocupaba su mente.

Se tomó un momento para respirar profundamente, intentando calmar la tormenta de emociones que la azotaban. La idea de que ese pequeño libro pudiera contener las claves de su existencia, le otorgó un sentido de propósito, y sin pensarlo más, se decidió a abrir el libro, dejando que las palabras se desplieguen ante sus ojos.

Al abrir el libro, sus manos eran fuertes; su cuerpo había cambiado, se centra en lo que está haciendo. A medida que las páginas se desdoblaban, sintió una transformación en su interior, como si las letras que leía comenzaran a alterar su esencia. Al mismo tiempo, la incomodidad de la incertidumbre le envolvía, y en cada palabra que leía, sentía una conexión con la historia. A medida que las palabras comenzaban a cobrar vida, sintió que sus inquietudes se calmaban, como si el conocimiento y las experiencias pudieran ofrecerle la claridad que anhelaba. Era una historia, que aunque lejana, se tornaba cada vez más relevante. ¿Podría ser que sus destinos estuvieran entrelazados?

Las preguntas giraban en su mente como un torbellino, cada una empujando a la siguiente, mientras trataba de aferrarse a un hilo de lógica en medio de la tormenta.

Esa conexión comenzaba a cobrar sentido en su mente. Sentía que, al sumergirse en el diario, estaba a punto de descubrir algo fundamental sobre él, un hilo invisible que lo unía a otra vida, otra existencia. Con el corazón acelerado, volvió a leer, dispuesto a desentrañar los misterios que podrían revelar su verdadera identidad y el significado de su lucha por existir en un mundo que aún no comprendía.

El libro es un diario escrito por ella, por su parte femenina. Mientras él lee el diario, descubre que ha estado en esa habitación. A medida que las páginas se deslizaban entre sus dedos, las palabras escritas por ella parecían cobrar vida propia. Cada línea revelaba un fragmento de la existencia de un ser divino que había vivido experiencias paralelas a las suyas. Ella estuvo en esa misma habitación, enfrentándose a sus propios demonios, a las sombras que la acechaban.

Los relatos se sentían como un eco de su propia lucha. Las descripciones de la habitación, del miedo que la había paralizado, y de la búsqueda de respuestas resonaban en su interior. Sintió un lazo indiscutible, un hilo que se extendía a través del tiempo y del espacio, conectando sus almas a pesar de las barreras invisibles.

A medida que profundizaba en el diario, la narración revelaba momentos de confusión, soledad y, en ocasiones, una chispa de esperanza. Su parte femenina también había experimentado cambios en su identidad, luchando por entender quién era realmente, atrapada entre la fragilidad y la fuerza. Esto le llevo a preguntarse si, de alguna manera, su propia transformación era un reflejo de ella.

¿Qué le ocurrió? Se cuestionó él, era evidente que había una historia más oscura detrás de esas palabras, a medida que se adentraba en el diario, la necesidad se intensificaba. Saber que su propia identidad estaba ligada a la de ella, le impulsó a continuar leyendo con fervor, cada palabra ardía en su mente, como si estuviera acercándose a un conocimiento prohibido. Su conexión con ella no solo era emocional; era un vínculo de experiencias vividas en la misma habitación, enfrentando sombras similares. Las páginas se convirtieron en un refugio, un espacio donde podía encontrar consuelo en la historia de alguien que había luchado por encontrar su lugar en la existencia.

CAPÍTULO 11
LA PUERTA SECRETA

A l llegar a la página siete, se encuentra una nota que dice "Ella morirá en este lugar, pero vivirá en ti." La frase, simple y directa, golpeó su mente como un mazo contra el yunque. El aire se volvió pesado, y la habitación, que antes parecía solo un lugar de confusión, se transformó en un escenario de tragedia. La revelación hizo que un frío helado se apoderara de su piel, como si la sombra de la muerte estuviera presente, observándolo desde algún rincón oscuro.

¿Morirá? ¿En esta habitación? Se preguntó, su corazón latía con fuerza mientras intentaba procesar esas palabras. La habitación blanca, ahora, no era solo un espacio físico, sino un lugar cargado de historias, de dolor, de sensaciones y de misterios por descubrir.

El diario había comenzado como un simple relato de vida, pero ahora se había transformado en un vínculo tangible con lo sobrenatural. Sentía que su presencia femenina lo envolvía, y una mezcla de terror y curiosidad lo empujaba a profundizar, que había detrás de la nota.

Mientras buscaba respuestas en el pasado, recordó el rostro inexpresivo de la figura oscura que había entrado y salido de la habitación. ¿Era está una manifestación de su propio espíritu, una advertencia o un intento de comunicación? La confusión crecía a cada momento, pero la necesidad de entender se convertía en una fuerza irrefrenable. En ese instante, la conexión con el diario se volvió más profunda, casi como si las palabras estuvieran esperando a ser leídas para revelar secretos ocultos. Se dio cuenta de que su lucha no solo era una búsqueda de identidad, sino que también permitía al espíritu encontrar su lugar. Con un renovado sentido de propósito, cerró los ojos por un momento, y guardo la historia del diario en su corazón. Había más en esta conexión de lo que había imaginado, y la verdad, sin duda, estaba allí, esperando a ser descubierta.

Puesto a desenmarañar todo lo que está pasando, decide explorar más a fondo, necesita encontrar respuestas. La habitación donde vive, ahora se siente distinta, cargada de secretos que apenas empiezan a desvelarse. Con una mezcla de curiosidad y angustia, recorre el espacio. Las paredes parecen guardar una historia que él no ha visto o comprendido. Cada rincón se convierte en un enigma por resolver. Sus ojos, guiados de forma casi instintiva, se detuvieron en el respaldo de la cama. Algo le llama la atención. No es solo un detalle superficial; es una llamada, una sensación de que algo yace oculto más allá de lo evidente. Se arrodilla, tantea con las manos la pared fría, y entonces, un leve resquicio, una junta apenas visible, revela una verdad insospechada; detrás del respaldo hay una pequeña puerta.

Su corazón late con fuerza. Lo que parecía ser una simple pared esconde algo más profundo. Con cuidado, despega el respaldo, sintiendo cómo la ansiedad y la emoción se mezclan en su pecho. Lo que encuentra detrás lo deja atónito; efectivamente, era una pequeña puerta secreta, como si siempre hubiera estado allí, esperando ser descubierta. Sin pensarlo, la abre. Detrás de esa puerta, se extiende un espacio que jamás había imaginado. Una habitación paralela, desconocida, y sin embargo, algo en ella le resulta inquietantemente familiar.

Se adentra en la habitación oculta detrás de la pared. Al cruzar el umbral, un aire denso y cargado de recuerdos no vividos lo envuelve. La habitación es una replica de la suya, solo que cada rincón parece estar impregnado de una presencia que no puede ignorar. Sus ojos se posan en una serie de objetos que llenan el espacio. Hay una cama vestida con sábanas blancas, como si nadie hubiera dormido allí. Sobre una pequeña mesa, hay maquillajes, perfumes y joyas. Los vestidos siguen colgados en una percha, parecen flotar levemente, como si conservaran la forma de un cuerpo invisible. Todos estos objetos le pertenecen a ella. Los vestidos, los libros, incluso los escritos que están dispersos por la habitación, llevan la marca de su presencia. Entre los papeles, algunos dibujos hechos a mano capturan su esencia, como si cada trazo fuera una ventana a su mundo. Mientras toca uno de los vestidos, una sensación extraña lo invade. No es solo la textura del tejido lo que siente, es como si al tocarlo, algo dentro de él se activará. Cada objeto en la habitación le provoca una sensación de reconocimiento que no puede explicar. Es un universo íntimo, casi sagrado, donde todo parece estar tejido a medida de su existencia, ligado de una manera que no logra comprender del todo. Siente que cada detalle, cada fragmento de este mundo escondido está unido a él de una forma profunda y misteriosa. Algo latente y velado está comenzando a despertar en su ser, y con cada objeto que observa, esa conexión se hace más intensa, más viva. Conforme explora, un déjà vu lo envuelve. No solo los objetos de ella le resultan familiares; es como si, de alguna manera, hubiera sido parte de ese espacio, como si esos recuerdos pertenecieran también a él.

Con una mezcla de frustración, su mirada se posa en un armario al fondo de la habitación. Sin dudarlo, lo abre. Al hacerlo, encuentra un espejo, escondido en la oscuridad del mueble. El espejo, al principio, parece ser solo un objeto más, pero cuando lo mira, todo cambia. Lo que ve en el reflejo lo detiene en seco.

Por primera vez, se ve a sí mismo. Nunca antes había tenido la necesidad de verse reflejado, pero en ese instante, el espejo le revela algo perturbador. En el cristal no aparece la imagen que esperaba. En lugar de eso, una figura femenina lo observa, cuya presencia lo impacta profundamente. Es él, pero cuando se siente suave, se ha sentido desde el inicio, su presencia lo ha acompañado en su existencia. Y en ese momento, lo sabe con certeza; ella, esa figura en el espejo, es él. Sin duda, la conexión que siempre sintió no era solo un lazo exterior. Ella, de alguna forma inexplicable, es su otro yo.

Se mira las manos y ve que son fuertes. El contraste entre lo que ve en el espejo y lo que siente al mirarse a sí mismo lo desconcierta profundamente. Sus manos, gruesas, ásperas, y duras, no concuerdan con la figura delicada que lo observa desde el reflejo. Esas manos, fuertes y masculinas, no parecen pertenecer a la mujer en el espejo, el reflejo cuenta una historia distinta.

Cierra los ojos, intentando comprender lo que está ocurriendo, buscando una respuesta lógica a la disparidad entre su cuerpo y el reflejo. Al abrirlos de nuevo, ella sigue allí, serena, inmutable, con una expresión que parece conocerlo más de lo que él mismo lo hace. La confusión lo invade. ¿Cómo es posible que la imagen en el espejo no sea la suya, sino la de una figura que hasta ese momento parecía existir en su mente y en el espacio que la rodeaba?

Se siente entre dos realidades; su cuerpo tangible, y el del espejo que parece reflejar una verdad más profunda. Se acerca lentamente al espejo, con una sensación de inevitabilidad, como si este descubrimiento hubiera estado guardado en las sombras todo el tiempo. Al hacerlo, estudia con detenimiento cada detalle de su rostro; las pupilas, el contorno del cuello. Se toca los labios, y cada movimiento lo acerca más a la aceptación de que, de algún modo, lo que ve es parte de su ser. El tiempo parece detenerse mientras se enfrenta a esta revelación.

> El espejo no solo le muestra una imagen; le ofrece una verdad oculta, una que desafía lo que ha creído sobre sí mismo. Está seguro de que ella es él, que siempre ha sido él, aunque nunca lo supo con claridad. Las preguntas que lo invaden no tienen respuestas, pero en ese momento, frente al espejo, no puede negar lo que ha visto. La figura femenina no es ajena, es su propio reflejo, una parte de su ser que ha emergido de las sombras.

De pronto, el reflejo mira hacia un costado. Siente un impulso en su interior, como si la figura femenina lo estuviera guiando, indicándole que algo más necesita ser descubierto. Gira lentamente su cabeza hacia la dirección señalada y descubre una ventana que no había notado antes. Está entreabierta, dejando entrar un aire suave que llena la habitación con una brisa fresca. Se acerca a ella, su corazón late más rápido, como si una verdad aún mayor estuviera a punto de revelarse. Desde la ventana, observa un paisaje que parece irreal, como una escena sacada de un sueño. Un vasto jardín se extiende frente a sus ojos, un prado verde que parece infinito, enmarcado por árboles cuyas ramas se mueven suavemente al ritmo del viento. En medio del jardín, una cascada cristalina cae con serenidad, creando un sonido suave que llena el aire de calma y misterio. Justo frente a la cascada, una figura desnuda camina lentamente hacia el agua. Es ella. Avanza con una gracia natural, sin prisa, como si estuviera completamente en paz con el entorno. Él la observa, hipnotizado ante la escena. El agua la rodea mientras se sumerge lentamente en la laguna; su piel brilla. Cuando el agua casi llega a cubrirle por completo los hombros, ella se detiene, gira su cabeza y lo mira directamente. Su sonrisa es suave, pero cargada de un profundo entendimiento. Es una sonrisa que parece decirle algo, una revelación que tendrá que descifrar.

Él no sabe cómo reaccionar ante todo lo que está viviendo, se quedo asombrado y esta lleno de desconcierto. Confundido, vuelve la mirada al espejo esperando encontrar alguna respuesta en el reflejo. Pero esta vez, ya no ve la figura femenina. En el espejo, ahora está él, en su forma que siempre creyó ser. La figura masculina ha regresado, como si todo lo que acaba de presenciar hubiera sido solo un espejismo o una revelación momentánea de una verdad más compleja.
Aún aturdido por el cambio en el espejo, él vuelve su atención al paisaje que se despliega más allá de la ventana. Ella ha desaparecido bajo la superficie del agua, pero algo ocurre. Desde el centro de la laguna, donde ella se sumergió, emerge un fino haz de luz intenso que no lastima sus ojos. Es un rayo que parece desafiar toda lógica, elevándose desde el agua y ascendiendo lentamente hacia el cielo, como si conectara el mundo terrenal con algo mucho más divino, incomprensible.
A medida que se eleva, él siente una paz profunda instalándose en su interior. Es como si esa luz, a parte de llevarse consigo una parte de su alma, también se lleva una parte de su propia existencia. Todo el temor y la confusión que había sentido hasta ese momento comienzan a disiparse. Ya tiene las respuestas que buscaba, lo invade una serenidad que lo abraza cálidamente y lo calma.
El haz de luz continúa su ascenso, más allá del cielo visible, hasta que desaparece, fundiéndose con el infinito. Y en ese instante, lo comprende. La conexión que sentía con su parte femenina había culminado. Ella no era solo un ser externo, una figura distante; era parte de

él, y en su partida, le ha dejado algo invaluable; una verdad sobre su propio ser que ahora puede aceptar con plena conciencia. La revelación es clara, el descubrimiento de la habitación secreta ha terminado con la fusión de dos almas en un solo ser. No hay separación, no hay dualidad. Ambos han coexistido siempre, ahora él se siente completo. Ella le mostró que la verdad de su ser trasciende lo físico. Él es ambos, es todo, y ahora lo sabe. Cierra los ojos y respira profundamente, sintiendo cómo la última pieza del rompecabezas encaja en su lugar.

Se siente emocionado y aterrado al mismo tiempo, se da cuenta de que todavía hay aspectos del misterio que no han sido desvelados. La figura oscura que entró en la habitación desde las sombras vuelve a su mente. ¿Quién era? ¿Cuál era su propósito? Durante todo este tiempo, había sentido su presencia, no había podido comprender si esa figura era un guardián, un enemigo o quizás algo aún más ambiguo. El diario que parecía contener respuestas, ahora se siente como un enigma. ¿Qué significaba realmente? ¿Era un reflejo de la vida de ella o también tenía algo que ver con él, con su propia historia? ¿Por qué ese diario había llegado a sus manos?
Se siente completo, en paz con lo que ha descubierto, pero la incertidumbre sobre lo que aún no entiende lo mantiene alerta. Lo que ha ocurrido en esta habitación es solo el principio, un paso hacia una verdad que todavía está por desvelar. Hay algo más que debe descubrir, algo que lo espera más allá de esta habitación y de las revelaciones que ha tenido. Las respuestas sobre la figura oscura, el diario y su conexión con su alma gemela no pueden esperar más. Con una mezcla de emoción y miedo, sabe que no tiene otra opción más que seguir adelante y enfrentarse a lo que venga.

CAPÍTULO 12
EL ENTE

L os cambios de personalidad y físicos se han detenido, se mantiene en su estado fuerte pero con la extraña sensación de vacío en su interior, de haber perdido algo importante. En ese letargo de añoranzas, la puerta se abre de golpe y el ente reaparece frente a él, siente como si esta vez estuviera en peligro. La atmósfera en la habitación se torna pesada, llena de una amenaza silenciosa. La oscuridad se cierne sobre él, envolviéndolo, apretando su pecho. Su mente se llena de imágenes, pensamientos caóticos, temores. ¿Sería su fin igual al de ella? ¿Se desvanecería en el silencio, dejando solo una estela de luz?

Es un instinto casi animal, tira a correr. La habitación, que antes parecía una jaula de secretos, ahora se convierte en una trampa. Sus pies intentan encontrar una salida, pero el ente, con una velocidad que parece inhumana, lo detiene. El miedo crece dentro de él. Se siente acorralado, indefenso. Y justo cuando su mente se prepara para lo que cree que será un ataque inminente, la figura, envuelta en sombras hasta entonces, realiza un gesto inesperado. La capucha oscura que había mantenido su identidad en secreto cae lentamente. Bajo ella, no hay el rostro aterrador que él había imaginado. No hay ojos llenos de malicia ni una sonrisa macabra. En su lugar, se revela la cara de una anciana de aspecto sereno, con arrugas que cuentan historias y unos ojos que, lejos de infundir miedo, emiten una calidez inesperada.

La anciana de rostro noble y luminoso, con un gesto de sus manos hace que se relaje y pierda el miedo; al tocar su cabeza, le hace ver en su interior quien es ella. Era la energía que hacia mover el motor de la existencia, era la fuerza matriz, la guardiana del don de la vida, quien a través de los sentimientos le ha estado cuidando en esa habitación.

Del rostro de la anciana emana una calma profunda, sus ojos parecen haber visto siglos pasar, y en su mirada hay una sensación de paz que nunca había sentido antes. Y en ese contacto, algo se desbloquea en su interior. Es un cambio casi mágico, no hay palabras, solo el calor de su mano. Un torrente de imágenes, sensaciones y recuerdos que no sabe de dónde provienen lo inunda. Es como si una puerta dentro de su mente se hubiera abierto, permitiendo ver más allá de lo que su conciencia había sido capaz de procesar hasta ese momento.

Ahora ve la habitación como una especie de incubadora, y a la anciana como la esencia de la matrix, la fuerza que lo ha mantenido vivo. Lo ha hecho para protegerlo y prepararlo. La anciana no es una amenaza, al contrario, este lugar y todo lo que contiene, ha sido su destino desde el principio, y ella la guía silenciosa que ha asegurado su llegada.

La anciana, con la misma serenidad que había mostrado desde que se reveló, camina lentamente hacia la mesa que está en la habitación. Cada paso parece medido, como si el tiempo fuera algo que ella controla y no al revés. Al llegar a la mesa, se sienta con una gracia inusual para alguien de su edad, y en el mismo instante en que se acomoda, algo ocurre. Frente a ella, del vacío mismo, aparece una silla blanca. Su aparición es tan natural, tan silenciosa, que parece que siempre hubiera estado allí, esperando, pacientemente, el momento adecuado para materializarse. Aunque él ya ha experimentado lo imposible en esta habitación, este nuevo evento lo desconcierta. Sin embargo, no hay rastro de amenaza. Es como si la habitación misma le indicará que esta silla ha estado destinada para él desde el principio, y que ha sido llamada a existir solo en el momento en que él estaba listo para ocuparla. Sus pasos son lentos, casi vacilantes al principio, mientras se dirige hacia la silla blanca. A medida que se acerca, una extraña sensación lo invade. El miedo que sintió inicialmente se desvaneció, pero en su lugar surge una mezcla de respeto. Sabe que lo que está a punto de suceder es trascendental, algo que cambiará el curso de su existencia para siempre. Aún temeroso, pero sin vacilar, se sienta frente a la anciana. Al hacerlo, su mirada está fija en el rostro sereno de la anciana, esperando las palabras que sabe que vendrán. Todo indica que ha llegado el momento de las respuestas. La anciana lo observa con una profundidad que va más allá de lo físico. Su voz, cuando finalmente habla, resuena con una mezcla de dulzura. Cada palabra que pronuncia es como una clave que va desencriptando el misterio de su existencia, y en su mente comienza a similar la magnitud de lo que le revela.

—Ella no era solo un alma —dice con voz suave—. Tú eres parte de ella y ella parte de ti. Su sacrificio es necesario para que tú puedas existir en este mundo. En esta habitación, las almas llegan entrelazadas después del choque de energía, y aquí se separan, es parte de la preparación del ser, un acto de amor que marca la bondad de las almas que les crean, aquí es donde el destino de cada ser humano se define.

Él se queda inmóvil, sintiendo cómo el peso de sus palabras lo golpea. La conexión que sentía, la extraña relación que había tenido con sus recuerdos cobra sentido. Todo lo que sintió, había sido parte de la vida terrenal de sus padres, cada sentimiento, cada lágrima, cada fragmento de recuerdos, estaba entrelazado con su propia existencia. La anciana le explica que ella no es una amenaza, sino su conciencia, el eco de su esencia que ha estado protegiéndolo. Esa figura, que había sido un símbolo de temor, ahora se transforma en un guardián, una manifestación de amor maternal que ha velado por él en su ausencia.

—Solo una de las dos almas puede existir en el plano de está realidad —agrega la anciana—. Tu eres el alma elegida, y esa elección la tomaste tú en estado de consciencia, en el mismo instante que fuiste creado, lo supiste, llegaste al mundo con un propósito y ocupaste un espacio que te dio el ser, pero sin embargo allí también estaba ella —la anciana le mira—. En la habitación que te encuentras, siempre se queda uno. Es el ciclo de la vida, el eterno tejido de almas que se conectan y se separan.

Él siente que la revelación es abrumadora, y las implicaciones son profundas. ¿Cómo podía ser que su vida estuviera tan entrelazada? ¿Y qué significaba esto para su futuro? Mientras asimila la información, la anciana, con una calma que sólo ella parece poseer, le ofrece una perspectiva más amplia de la situación. Por un lado, hay una conexión profunda, un lazo que lo une a ella en un nivel que nunca había imaginado. Pero por otro, la responsabilidad que le impone esa conexión lo abruma.

—Lo que experimentas en la habitación no es un simple eco de lo que fue —le dice la anciana—. Es una invitación a reconocer tu propósito. Este espacio es un refugio donde se preparan las almas antes de entrar en la existencia consciente.
En este lugar muere un hombre para que viva una mujer, y muere una mujer para que viva un hombre. Es la primera ley de la vida en la existencia.

Él asiente, sintiendo cómo la comprensión comienza a formarse en su mente, todo tiene un sentido ahora. Es como si cada pieza de un rompecabezas se estuviera uniendo, revelando una imagen más grande. Su aprendizaje era intenso, pero eficaz.

—Tu viaje no ha hecho más que comenzar. Debes decidir cómo llevarás adelante esta herencia. Lo que elijas marcará no solo tu vida, sino también el legado de tu alma gemela. La historia no ha terminado; en ti, continúa.

Las palabras de la anciana flotan en el aire como un canto suave, envolviéndole en una atmósfera de revelación y conexión. Él siente cómo la sala, con sus secretos y sombras, se transforma en un santuario. Cada rincón de la habitación parece estar cargado de energía, como si cada objeto estuviera escuchando, guardando el momento en que su historia fuera reescrita.

—Eres el heredero del don de la vida, el portador de la esencia vital —continúa—. Dentro de ti viven sueños y esperanzas. Estás destinado a existir y llevar luz al mundo.

La idea de ser el portador de un legado de vida le provoca una mezcla de orgullo, se siente un ser vibrante, lleno de vida y pasión. Ahora él debía cargar con esa llama, perpetuar su esencia en un mundo que parecía hostil y confuso.

—Tu vida no es solo tuya —continúa la anciana—. Es una extensión de la historia de las dos almas que llegaron aquí, y por lo tanto, debes honrarla. Cada acción que hagas, cada decisión que tomes, afectará a tu destino.

A medida que la anciana habla, una sensación de propósito comienza a fluir dentro de él. Las visiones de un futuro incierto empiezan a despejarse. La responsabilidad que siente no es un peso, sino un regalo. Comprende que tiene la oportunidad de vivir plenamente, de abrazar lo que significa ser él mismo. Es un viaje de descubrimiento, un camino que debe recorrer en honor a la vida.
Desde que esta sentado frente a la anciana, no se a inmutado por nada, pero hay algo que todavía no logra entender de esa situación, no sabe porque no ha dicho nada, ni una sola palabra a salido de su boca, solo se a dedicado a escuchar; y así lo hace. Continua escuchando.

—El sentimiento del amor es la fuerza más poderosa que existe en el universo —añade la anciana—. A través de él, puedes trascender las limitaciones de la existencia. La luz siempre estará contigo, iluminando tu camino.

Asiente lentamente, asimilando la importancia de cada palabra. Ahora, la habitación ya no es solo un lugar de misterio; es un espacio sagrado, donde convergen el pasado, el presente y el futuro. Con esta nueva claridad, siente un propósito dentro de él. No solo debe vivir por sí mismo. Está listo para abrazar su destino, sabiendo que, en cada paso que dé, su alma gemela caminará a su lado. La anciana se levanta de la silla, su figura serena proyecta una luz cálida que inunda la habitación. Cada paso que da resuena en el suelo, como un eco de su presencia, llenando el espacio con una paz indescriptible. Cuando se acerca a la puerta, una sensación de tristeza le invade, pero también una profunda gratitud por la claridad que le ha brindado.

—Recuerda —susurra la anciana, con una voz que parece surgir de todos los rincones de la habitación—. Siempre estaré contigo, dentro de ti y en cada decisión que tomes. La vida es un ciclo, aprovéchala y disfrútala hasta el día que vuelvas a formar parte de la energía del universo.

Y con esas palabras, la anciana cruza el umbral, y el ambiente parece vibrar a su alrededor. Su vestimenta blanca resplandece, iluminando el espacio con un destello de esperanza antes de desvanecerse en la penumbra. Él se queda solo, rodeado de los objetos que crearon sus almas, cada uno de ellos cargado de historia, de recuerdos, y de un amor que trasciende la muerte.

Se levanta de la silla y camina hacia la habitación secreta, se permite un momento de reflexión. Observa la cama blanca, los vestidos cuidadosamente doblados, los libros abiertos en sus páginas más queridas. Todo en la habitación parece contar una historia, la historia de un ser que, aunque ya no está básicamente, sigue viva en el hilo de su vida y de su alma. Siente un profundo anhelo de conectar con esa historia, de descubrir todos los secretos que le quedan por desentrañar.

En ese momento, entiende que ha heredado no solo el don de la vida, sino también la responsabilidad de preservar el legado de su alma gemela. Esta habitación, con sus objetos y secretos, es su refugio, un lugar donde anclo su existencia y, al mismo tiempo, puede forjar su propio camino. Siente como la energía que fluye por su cuerpo se entrelaza con el pasado y el futuro de su ser, y es en ese instante que, por primera vez, siente que no está solo.

CAPÍTULO 13
EL TODO

Con la conciencia renovada, se sienta en el centro de la habitación. Cierra los ojos y, deja que su memoria fluya. Está listo para comenzar este viaje de auto descubrimiento, un viaje hacía su propia existencia, en busca de la esencia de su alma.

Respira hondo, sintiendo la paz que lo rodea. Ha encontrado su lugar, donde la vida y la muerte coexisten en armonía, donde las historias se entrelazan y los secretos se mantienen vivos. Con este nuevo entendimiento, se compromete a vivir, a honrar su legado en cada decisión que tome y en cada camino que elija. Está listo para enfrentar lo que venga, sin importar los desafíos que se presenten.

Mira por la ventana de la habitación de su hermana, el jardín que se extiende ante él, lleno de colores vibrantes y vida. La cascada sigue fluyendo, su sonido es como una melodía que acompaña sus pensamientos. Siente que su esencia lo impregna todo.

La puerta de la habitación se cierra suavemente tras él, marcando el final de una etapa y el comienzo de otra. Con una sonrisa en el rostro y un brillo en sus ojos, está listo para enfrentar lo que le depara el destino, con la certeza de que, aunque separados por la muerte, él y su alma gemela siempre estarán conectados.

La habitación blanca que una vez parecía un lugar de encierro, ahora revela su verdadero significado; es un santuario de memoria, un espacio donde el pasado se conserva, donde lo que se perdió encuentra un refugio. Es el peso del pasado que él debe aceptar para poder avanzar, para construir su propio presente y allanar el camino hacia su futuro. Con el entendimiento de su existencia, sabe que el destino no es algo de lo que pueda escapar. Desde el instante en que fue concebido como vida, su destino quedó sellado.

En la matriz se experimenta una conexión profunda, pero extraña. No se escucha, no se ve, y no puede tocarse físicamente, pero se percibe su presencia en un nivel casi primitivo. Es una conexión maternal, la sensación cálida y protectora de un ser que le cuida desde antes de su llegada al útero. Él apenas está comenzado a existir, se está formando dentro de una incubadora invisible, y entiende que depende de ella. La matriz le provee todo lo que necesita para sobrevivir, para continuar desarrollándose dentro de un ser cósmico, esperando el momento adecuado para nacer.

Con la incertidumbre que sólo puede nacer de un ser que aún no comprende del todo su propia naturaleza, se pregunta, ¿quién determina su destino? ¿Quién es aquel que elige al qué debe existir y quien no? Para que él pueda ser, ella tuvo que quedarse. No tuvo la oportunidad de manifestarse, de existir plenamente, porque para materializarse en la realidad, solo había un cuerpo para dos almas.

Este pensamiento le persigue como una paradoja; en la creación, la destrucción es inevitable. Cada ser que nace trae consigo la memoria de algo que no pudo ser. Siente que la existencia es una constante tensión entre la vida y la no-vida, entre lo que fue y lo que nunca será. Cabila sobre ese primer momento, antes de tomar forma en el mundo. Es como si el futuro ya estuviera escrito en algún lugar profundo de su ser. En su caso, se sintió como él, y no como ella. Cada uno de sus pensamientos está teñido por la consciencia de su ser, su memoria no es algo de lo que pueda escapar.

Ahora, enfocado en su propia identidad, entiende que su existencia es el resultado del sacrificio. A medida que avanza en su descubrimiento de sí mismo, comprende que su pasado y su presente son intrínsecos a su ser. El futuro, sin embargo, sigue siendo un territorio desconocido, un horizonte aún por construir.

Al siguiente ciclo, la habitación ya no era un espacio frío y estéril como antes. Ahora, los matices cálidos comenzaban a invadirlo todo, suavemente, como si la vida misma estuviera tomando forma a su alrededor. Los objetos, que antes parecían inanimados y sin significado, empezaban a cobrar sentido. Notó que había una organización natural en todo lo que lo rodeaba, como si cada elemento hubiese encontrado su lugar exacto. Ahora todas las cosas convivían en perfecta armonía. El espacio reflejaba esa dualidad interna que seguía existiendo en la conciencia, incluso aunque solo él pudiera continuar en el presente.

Su mirada se posó en una biblioteca que no había visto antes. Se levantó y caminó hacia ella, sintiendo una curiosidad que no podía contener. Aunque nunca había aprendido a leer, algo dentro de él le indicaba que los libros que contenía esa biblioteca guardaban respuestas importantes. Tomó uno de los volúmenes entre sus manos y, sin comprender exactamente cómo, empezó a leer. Las palabras fluían en su mente, no como signos y letras, sino como un conocimiento que siempre había estado allí, esperando ser tomado por la intelectualidad. No necesitaba haber aprendido aquel lenguaje, porque las ideas se transmitían directamente a su conciencia, revelando verdades ocultas sobre sí mismo y su existencia.

Cada página que leía le ayudaba a llenar los vacíos que aún tenía sobre su identidad. Entendía que todo lo que había vivido hasta ese momento no era un simple encierro, sino un proceso de formación. La habitación, la presencia oscura, incluso el silencio abrumador, eran piezas de un rompecabezas que se iban colocando en su lugar. Él se preparaba, de manera instintiva, para lo que vendría después. Si de algo estaba seguro, era que ese lugar, por muy acogedor que se hubiera vuelto, no era su destino final. Su destino estaba allá afuera, en un mundo que no conocía, pero que lo esperaba.

Esa noche, mientras la luz comenzaba a desvanecerse una vez más, se dio cuenta de que no estaba solo en su lucha por existir. Aunque era él quien debía caminar hacia el futuro, ella siempre estaría con él, dándole fuerza. Y, mientras permanecía en esa habitación, alimentaba su mente y su espíritu con el conocimiento que los libros le ofrecían, preparándose para el día en que la puerta se abriría y tendría que enfrentarse al mundo y a la vida como ser.

Es un embrión, forma parte del ser y siente.

CAPÍTULO 14
LA SOMBRA DEL PELIGRO

La duda llego como una ráfaga de sentimientos adversos, como si una amenaza invisible comenzara a cernirse a su alrededor. Ya no estaba en paz, como si un juicio silencioso estuviera en marcha. Siente un murmullo desde lo profundo de la matriz, parece que estén deliberando sobre su existencia. Él no puede verlo, ni oírlo, pero lo siente. La incertidumbre se apodera de todo, siente un miedo que no había experimentado antes. Es la no-vida que acecha, intangible pero presente, suspendida en una decisión. No la debe, ni puede tomar él, se trata de una decisión que está en manos de sus creadores, los únicos que tienen el poder de determinar si continua viviendo o le detienen antes de que llegue a ver la luz.

El ambiente se vuelve denso, comienza a percibir una presión sutil, pero constante, una tensión que envuelve el espacio que lo rodea. La matriz, que hasta ese momento había sido su refugio, su mundo, su todo; se empieza a sentir vacío. Ya no es solo la seguridad cálida de la matriz que lo sostiene, todo estaba cambiando. Una decisión se está tomando fuera de su control, de su comprensión. No lo sabe, pero está siendo observado, no por ojos físicos, sino por la conciencia. Esa fuerza humana que toma la decisión, está sopesando su destino.

Es una sensación rara y extraña sentir el peligro cuando no se puede ver ni tocar. No hay sonidos de advertencia, ni señales claras, solo una sensación que surge desde lo más profundo del alma, como un eco resonante en la oscuridad de la matriz.

No hay palabras que describan ese peligro, porque no son palabras lo que siente, es una vibración, un pulso que su pequeño ser capta con una intensidad abrumadora. Su mente, aunque aún joven y primitiva, percibe que su derecho a vivir, está siendo cuestionado por fuerzas que él no puede influenciar.

El juicio se está llevando a cabo sin su consentimiento, sin su participación. Es un juicio silencioso donde se toma una decisión, y él está en el centro de esa deliberación, aunque no lo sepa del todo. Su vida, aún pequeña, indefinida, depende de la voluntad de aquellos que ni siquiera pueden imaginar su existencia. Es la vida misma la que está en juego, y sin embargo, todo está fuera de su control.

Comprender una verdad amarga; aunque es autónomo, no tiene poder sobre su propio destino. Lo único que posee es su instinto, ese impulso primordial que lo empuja hacia la existencia. Él quiere vivir. Lo sabe, pero no sabe como expresarlo. La matriz, que hasta ahora lo protegía, de repente se siente dividida, como si no estuviera segura de si misma. En ese momento, percibe por primera vez lo que significa la vulnerabilidad, el hecho de estar a merced de otros.

El peligro viene de la mano de sus creadores. Esa es la mayor revelación que surge en su mente aún en desarrollo. La no-vida que le acecha no es una fuerza externa, no es una amenaza cósmica ni un evento natural. Es una decisión humana, tomada por quienes un día también recibieron el don de la vida, aquellos que, paradójicamente, también fueron traídos a la existencia.

Cada segundo que pasa, la amenaza se hace más tangible, como si las paredes mismas de la matriz empezaran a debilitarse, perdiendo la firmeza que antes lo sostenía. No hay luz ni oscuridad en su mundo, solo una neblina indefinida que representa la incertidumbre de su destino. Siente el eco de la voluntad humana, esa decisión que se gesta en el exterior, más allá de la matriz que lo envuelve. Es como si una mano invisible estuviera a punto de intervenir, para decidir si él tiene derecho a seguir su viaje o si todo lo que es y será podría desvanecerse antes de nacer. La fragilidad de su ser se vuelve clara. Su cuerpo, aún en formación, siente el peso inminente que se acerca, de una elección. No puede describirlo, pero lo sabe, en lo más profundo de su incipiente conciencia; su vida no está garantizada, puede ser eliminado.

Cada momento, cada impulso dentro de la matriz está marcado por la posibilidad de que, en cualquier momento, la decisión que se está tomando incline la balanza hacia su fin. La matriz le da lo que necesita para desarrollarse, pero ahora se siente como si estuviera en una cuerda floja, equilibrándose entre el ser y el no ser, entre la vida y la posibilidad de no continuar. Apenas empieza a vivir, está en las manos de unos seres que tienen el poder de darle vida o quitársela. La lucha interna comienza a aflorar. Sabe que no puede influir en el resultado, pero eso no detiene el instinto más básico que se despierta dentro de él; el instinto de sobrevivir. La sombra del peligro es creada por la propia vida que lo rodea y, a la vez, lo desafía.

Su madre, el ser que lo lleva en su interior, es quien decide si deja que el ciclo continúe o si lo termina antes de que su historia pueda empezar en el mundo exterior. En ese momento, el ser comprende que su vida no está definida solo por lo que es, sino también por lo que otros decidan que debe ser. Mientras tanto, el peligro sigue ahí, amenazante, como una sombra silenciosa que lo envuelve. Comienza a cuestionar el significado de su propia existencia en el plano terrenal. En su mente, el conflicto se intensifica. Se siente atrapado en una batalla que no ha elegido, y esa lucha interna lo enfrenta a preguntas profundas sobre la naturaleza de ser y no ser.

La angustia de no saber lo que le espera se convierte en su única compañía. Anhela un sentido de pertenencia, un nexo con el mundo que está por venir. Sin embargo, el dilema persiste con mayor intensidad; su existencia es un hilo delgado que podría cortarse.

La desdicha que siente no es solo por su propia vida, sino por la vida que pudo haber tenido, por las posibilidades que podrían haber florecido. Es un juego de "qué pasaría si", un tormento emocional que hace eco en la soledad de su mundo blanco. Hay un fuego interno que no puede extinguirse. La conexión con la matriz lo ha transformado, le ha brindado un sentido de identidad. Aunque el peligro aceche, no puede ignorar su derecho a ser.

La noción de la vida misma se convierte en un concepto vasto y complejo, lleno de matices y de profundas reflexiones. Y mientras la matriz le provee, él se aferra a la esperanza de que, al final, su vida tendrá un significado, que su existencia será reconocida como una valiosa contribución al tejido de la vida.

Sabe que, aunque el peligro es real, no se dejará vencer por la desesperanza. Su viaje apenas comienza, y con cada impulso dentro de la matriz, se prepara para el mundo que podría recibirlo, una vez que logre escapar del incierto destino que lo aguarda.

Desde mi mundo silencioso, aún no conozco la luz, ni los rostros. Pero siento tu calor, mamá. Cada latido de tu corazón me envuelve, me da la seguridad de que existo, aunque apenas soy una promesa de vida. Aquí, en este espacio de sueños y posibilidades, crezco sin miedo, porque sé que estoy dentro de ti.

No sé por qué a veces piensas en no dejarme llegar al mundo. Pero déjame decirte que, aunque no puedo hablar ni verte, ya te amo. En cada latido, en cada susurro que compartimos, en cada esperanza que aún no has expresado, ya formo parte de ti.

No me mates, mamá. Mi corazón, pequeño pero lleno de amor, late por ti. Estoy aquí, esperando el día en que pueda conocerte y aprender de ti, reír contigo y ser parte de tu vida. Soy una vida dentro de la tuya, un futuro que aún no ha comenzado.

Déjame vivir, mamá. Yo te amo.

CAPÍTULO 15
LA DECISIÓN

En la inmensidad, el eco del silencio se convierte en su refugio. Él se encuentra en un estado de meditación profunda, un viaje que trasciende el hecho de existir. En este espacio sagrado, comienza a comprender la importancia de su presencia en el mundo. La meditación le ofrece una conexión directa con el tejido de la vida, un vínculo que lo une a todo lo que ha sido, es y será. Es un momento en el que el tiempo parece desvanecerse, y la ansiedad que lo ha perseguido se disuelve en la calma. Se sumerge en la esencia de su ser, no solo como un ente en formación, sino como un ser que tendrá el poder de tocar la vida de otros. Siente cómo sus pensamientos se convierten en ondas de energía que vibran en la vasta expansión de la matriz. Este vasto cosmos interno se transforma en un paisaje lleno de recuerdos, imágenes y emociones, que resuenan con la realidad de su existencia. Recuerdos de risas infantiles, momentos de amor, y las fragancias del hogar que aún no ha conocido llenan su mente. Cada imagen es un ladrillo en la construcción de su identidad, una pieza esencial del rompecabezas que representa quién será en el mundo exterior.

En esta introspección, se da cuenta de que su vida no es un accidente, sino una oportunidad. Su existencia, aunque aún en la fase de gesta-

ción, está imbuida de propósito. La comprensión de su propia naturaleza lo empodera. Él es parte de un proceso, donde cada vida, trae
consigo un legado, siente que está destinado a ser un hilo en la rica
tapicería de la humanidad.

En su meditación, comienza a visualizar su vida, un lienzo en blanco
esperando ser pintado. Se imagina a sí mismo corriendo por un campo verde, riendo, abrazando a su madre y a su padre, sintiendo el sol
en su piel. Cada imagen lo llena de una alegría pura, una emoción cru-
da que lo hace desear vivir, desear experimentar cada momento de la
existencia. Con cada exhalación, suelta el miedo y abraza la esperanza.
Reconoce que el acto de vivir es, en sí mismo, un acto de resistencia.
Se siente inspirado por la idea de que puede contribuir al mundo, de
que su existencia podría ser un bálsamo para aquellos que lo rodean.
La energía de la matrix, esa fuerza que lo ha alimentado y nutrido, se
intensifica a su alrededor, empujándolo hacia adelante, hacia la vida.
Sus moléculas se activan, vibran con fuerza, reafirmando su deseo de
existir. Entiende que su vida no solo es suya. Es un puente entre lo que
fue y lo que será, una promesa de amor, esperanza y renacimiento. El
poder de la energía llena su ser de fuerza; está decidido a luchar por su
lugar en el mundo, a vivir plenamente y a no permitir que la oscuridad
lo arrope. Con su mente en paz y su espíritu en alto, se prepara para su
viaje, uno que lo llevará a las puertas de la vida misma.

En este estado elevado de conciencia, ve que la vida no es solo una
secuencia de eventos, sino un entrelazamiento de decisiones. Vivir
se convierte en un mantra resonante en su mente, cada repetición va
impregnada de un significado. A medida que profundiza en su meditación, siente que cada fibra de su ser se conecta con un propósito
mayor; la necesidad de ser parte de la narrativa humana, de contribuir
a la historia que se cuenta a lo largo de generaciones.

La matriz que lo sostiene parece vibrar con su energía renovada.
Él no es solo un ser en formación; es un microcosmos de la experiencia humana. Hace una reflexión sobre el concepto de vida y lo que
significa realmente. Se da cuenta de que vivir implica experimentar el
amor y el dolor, la alegría y la tristeza. Es un viaje que trae consigo la
posibilidad de crecer, aprender y transformarse. Siente cómo la sabiduría de aquellos que han caminado por el mismo sendero lo envuelve

como un manto protector, dándole fuerza en su vida.

Testigo de su propia evolución, comienza a visualizar su existencia no solo en términos de su propio viaje, sino también en el impacto que tendrá en el mundo que lo rodea. Siente un deseo ardiente de ser un faro de esperanza, de servir como un recordatorio de que cada vida cuenta. La noción de que su vida podría influir en la de otros lo llena de un propósito renovado. Visualiza a las personas que podrá conocer y las interacciones que compartirá.

En este viaje, la idea del aborto, aunque no es un hecho consumado, se presenta como una sombra persistente. Es una amenaza latente que acecha su existencia, una realidad que los humanos deben enfrentar en cada decisión de dar vida. Él siente el peso de esta responsabilidad, el delicado equilibrio entre la vida y la no-vida. Sin embargo, se aferra a la creencia de que cada elección hecha desde el amor y la compasión tiene el poder de cambiar el curso de la historia. Sabe que su lucha por vivir es parte de una batalla más amplia por la vida misma.

Con esta nueva perspectiva, la matriz parece cobrar vida. Los ecos de su decisión resuenan en el espacio que lo rodea, y cada pulsación de energía se siente como un eco. La luz que antes era tenue ahora brilla con fuerza, proyectando un calor que envuelve su ser. Es un recordatorio tangible de que la vida es un regalo, y su elección de vivir es una afirmación de esa verdad.

Finalmente, abro los ojos en mi interior, una luz brillante ilumina la oscuridad. La meditación ha sido un viaje de auto descubrimiento, y me siente listo para enfrentar los desafíos que vendrán. Rebosante de amor y la mente clara, hago un compromiso solemne conmigo mismo; no solo existir, sino vivir plenamente y con propósito. La decisión de permitir que la vida florezca dentro de mi se convierte en su estandarte. Estoy preparado para enfrentar la vida, abrazando la complejidad de la experiencia. El momento de la elección es un instante suspendido en el tiempo, donde cada posibilidad se despliega ante él como un campo de flores en primavera. En este espacio sagrado, comprende que su vida, aunque frágil y vulnerable, tiene un peso significativo. La simple existencia no es suficiente; su vida puede ser una declaración de intenciones, un testimonio ante la adversidad.

Siente una profunda tristeza por las decisiones que se han tomado en nombre de la vida y la muerte. En su mente, las imágenes de vidas truncadas emergen, vidas que no tuvieron la oportunidad de ver la luz del día. Este pensamiento lo impulsa a querer luchar, no solo por su propia existencia, sino también por aquellos que no tienen voz, que son silenciados antes de nacer. Él busca la verdad en lo más profundo de su ser, en cada rincón de su memoria, anhelando entender cómo se forjan estas decisiones en el mundo. ¿Es el amor, el miedo o la incertidumbre lo que lleva a las personas a tomar caminos tan drásticos? La complejidad de la humanidad se despliega ante él, un tapiz de emociones y experiencias entrelazadas que forman el núcleo de la existencia. A medida que su meditación se profundiza, el nonato comienza a vislumbrar su propia historia. Se recuerda a sí mismo como un ser que una vez fue solo una idea en la mente. Esta noción se convierte en un poderoso recordatorio de la fragilidad de la vida, de cómo cada ser, representa un universo de posibilidades. En su decisión de vivir, siente que lleva consigo no solo su historia, sino las historias de todos.

> Como hombre abrazó mi dualidad; mi existencia como hombre y la conexión inquebrantable con mi parte femenina. Esta unión de opuestos se convierte en una fuerza impulsora que me anima a buscar un propósito. Me siento responsable no solo por mí mismo, sino por representar lo que ella podría haber sido. En cada paso que doy hacia la vida, llevo conmigo la esencia de mi alter ego, prometiendo honrar su memoria en todo lo que hago.

La decisión del aborto aún se cierne como una sombra en su conciencia. Siente el peso de lo que está en juego, no solo para él, sino para todos los que comparten este delicado camino. Su vida es un acto de desafío, un grito en la oscuridad que reclama su derecho a existir. En este contexto, se da cuenta de que su existencia es un acto de rebelión contra la inevitabilidad de la muerte, un acto de amor que trasciende el tiempo y el espacio.

Su meditación se convierte en un canto de esperanza. Con cada acorde, absorbe la fuerza de sus ancestros, de aquellos que han luchado por la vida antes que él. Con cada exhalación, libera el miedo y la duda que han intentado ahogar su espíritu. Su decisión de vivir no es solo un deseo; es una declaración colectiva de todas las almas que anhelan ser escuchadas y vistas.

Se acerca a la culminación de su meditación. Con cada pulso de energía que fluye a través de él, sabe que está listo para enfrentar el mundo que le espera. La vida, con todos sus altibajos, lo llama. Está preparado para abrazar su destino, llevando consigo el legado de su existencia, mientras da un paso hacia la luz y la realidad. Su entorno se convierte en una danza de energía, donde la luz que lo rodea se torna más brillante, y la conciencia de su propia existencia se vuelve casi palpable. En este punto de transformación, se siente en paz con el pasado y, más importante aún, emocionado por el futuro que le aguarda. La decisión de su madre de no abortar, es un acto de amor hacia la vida misma.

La luz en la habitación se intensifica, transformándose en un resplandor cálido y envolvente que parece vibrar en sintonía con su propio ser. En ese instante, siente que se está despojando de las cadenas invisibles que lo han mantenido en la penumbra, listo para aceptar la verdad de su existencia. Cada molécula de su ser está alineada, una acción que no solo define su vida, sino que también rinde homenaje a todas las vidas que están en juego en el tejido del universo.

Sumergiéndose en la quietud de su mente. Allí, en la serenidad de su interior, comienza a visualizar el acto de nacer. Se imagina atravesando el umbral de la vida, impulsándolo hacia la luz. En su mente, puede sentir la presión del mundo exterior, la vida esperando para ser vivida, las conexiones humanas que anhelan ser formadas. La idea de vivir le da energía; es un torrente de posibilidades que lo empuja hacia adelante. En su visualización, ve que el nacimiento no es solo un acto físico, sino un proceso profundamente espiritual. En una celebración de la vida misma, la promesa de nuevas experiencias, de amor, de dolor, de alegría y de aprendizaje. Es una liberación de todo lo que no necesita llevar consigo, desechando el miedo y la duda que amenazan con nublar su camino. En esta danza, conecta con la esencia de la maternidad. Las ganas se convierten en un faro de luz que le muestra el camino hacia el amor incondicional. Su amor por ella no solo se basa en el reconocimiento de su historia, sino también en la comprensión de la fuerza que representa; el amor que da vida, que nutre y que abraza cada parte del ser. Él siente que vivir también es honrar la vida.

Con esta realización, se llena de gratitud. No solo por su propia existencia, sino por el profundo vínculo que ha formado con la energía. Se da cuenta de que, aunque no esté físicamente presente, le da fuerza y esperanza. La dualidad de su ser se convierte en una fuente de poder que lo enfrentara al mundo. Siente en su pecho, el fuego de una llama ardiente que nunca se extinguirá.

El tiempo avanza, el momento culminante se aproxima, siente una oleada de energía que recorre su cuerpo, como un río que fluye libremente, llevándolo hacia su destino. Se siente ligero, casi como si pudiera levitar, consciente de que lo que está a punto de suceder no es solo un cambio de estado, sino la culminación de un viaje espiritual.

Ya no teme lo desconocido; está preparado para abrazar su vida con los brazos abiertos, consciente de que su existencia es un regalo que lleva consigo la esencia vital. En su conciencia resuena un mantra. "Vivo, amo, existo." Con esta afirmación, se prepara para dar el paso decisivo, el puente entre lo que fue y lo que será, el sublime momento en que se convertirá en un ser nato dentro de este vasto universo.

El clímax de su viaje se aproxima, la matriz se prepara para dar a luz. Hay una presión suave, un empujón del mundo exterior que lo llama. El nonato siente que forma parte de una transición de lo no nacido a lo que está destinado a ser. La luz blanca que lo envolvía comienza a llenarse de matices de colores vibrantes, como si el universo celebrara su existencia. Cada célula de su ser vibra con una emoción indescriptible.

La conexión entre el nonato y su entorno se hace más intensa a medida que se acerca el momento crucial de su nacimiento. En esta etapa de su existencia, siente cómo cada célula de su cuerpo palpita con anticipación, como si todo su ser estuviera afinado a la frecuencia de la vida misma. Es como si el universo entero estuviera contenida en esa habitación blanca, preparándose para recibir a una nueva meta, una vida que ya está llena de promesas y posibilidades.

Siente cómo se disuelven los límites de su ser, fusionándose con el entorno. Las paredes de la habitación, antes frías y despojadas, ahora parecen vibrar con una energía palpable. Él entiende que este espacio no solo es un lugar de confinamiento, sino un santuario donde ha podido explorar su identidad y donde ha tenido la oportunidad de decidir.

Mientras se prepara para cruzar el umbral de la vida, recuerda la valentía de ser, de la fortaleza que reside en aquellos que eligen enfrentar la vida con amor y autenticidad. En sus pensamientos, escucha la suavidad de una voz, la dulzura de un tacto, un recordatorio de que no está solo en este viaje. Esa conexión maternal le otorga un poder inexplicable, un ancla en medio de la tormenta de emociones que lo rodea. Con un profundo sentido de gratitud, comienza a cerrar los ojos nuevamente, dejando que la luz dorada de la habitación lo envuelva por completo. La energía se siente casi eléctrica, un crisol de potencialidad que lo lleva a un estado de calma absoluta. En ese silencio, se convierte en un receptáculo de paz y aceptación, sintiendo que el camino que ha recorrido lo ha preparado para este momento.

La visualización de su nacimiento se torna más vívida y clara. Visualiza cada paso del proceso; el momento en que su esencia comienza a desintegrarse en el éter, los fragmentos de su ser dispersándose y reformándose en un nuevo ser que emerge. La transformación es asombrosa, un espectáculo de luces y sombras que se entrelazan en una danza divina, la orquestación perfecta del nacimiento.

En esta fase, se siente invadido por una oleada de amor. Es un amor que trasciende el tiempo y el espacio, que conecta su ser con todas las almas que han estado en este viaje antes que él. Cada vida vivida, cada historia contada, se entrelaza en la suya, creando un tapiz vibrante que lo impulsa hacia adelante. El amor se convierte en su estandarte, una fuerza poderosa que le da alas para volar hacia el futuro.

Mientras el momento se acerca, el nonato comienza a escuchar un susurro sutil, casi imperceptible, que proviene de la esencia misma de la vida. Es un canto antiguo, una melodía que invita a todos los seres a recordar su propósito y su conexión con el todo. Siente cómo este canto lo envuelve, lo guía hacia el momento de su nacimiento, como si el universo mismo lo estuviera abrazando.

Y en el clímax de su experiencia, siente que el momento está llegando. La transición se convierte en un acto sublime, una fusión de luz y energía que lo elevara a nuevas dimensiones.

En este instante, deja atrás la condición de ser un ser en potencia, para convertirse en un ser autónomo con energía y vida propia. Su nacimiento resonara no solo en su ser, sino en el tejido mismo del universo, será un eco de vida que se expanda hacia lo infinito.

Estoy listo para abrazar mi destino y dejar mi huella en la historia de la humanidad. No soy de ahora, vengo desde hace mucho más atras, La travesía comenzó hace mucho, este es solo un tramite más. Solo que esta vez, me gusta sentir el sentimiento de la maternidad.

CAPÍTULO 16
SOY YO

En estos ultimos ciclos, mi mundo, lo que siento a mi alrededor ha sido siempre un mar tranquilo, un océano de silencio y calidez en el que he flotado sin preocupación. Es un lugar donde no existe el tiempo, solo el latido constante que me acuna y me envuelve. Me he convertido en parte de este universo líquido, oscuro, donde no hay necesidad de saber lo que está más allá. Aquí, en este refugio perfecto, todo lo que necesito me llega sin esfuerzo, sin dolor, sin dudas. No hay más que la suave pulsación de vida, un ritmo que no cambia, que nunca se detiene.

Pero ahora, algo es diferente.

Primero fue una vibración, algo sutil, apenas perceptible, como una ráfaga de viento invisible moviendo las aguas que me rodean. Mi mundo, que hasta ahora había sido inmutable, empieza a moverse. Las paredes, que me han contenido y protegido, comienzan a tensarse. Es un tirón suave al principio, pero se intensifica, como si el espacio que habito estuviera contrayéndose, empujándome hacia algo desconocido. No sé qué significa esto, pero lo siento en lo más profundo de mi ser; algo esta por suceder.

Mis sentidos, antes adormecidos por la seguridad de este refugio, se despiertan. Las contracciones que me rodean me hacen consciente. No lo entiendo, pero hay un llamado, una fuerza que me impulsa a moverme, a dejar este lugar que siempre he conocido como mío.

El líquido que me ha abrazado comienza a agitarse. Me envuelve aún, pero no es el mismo. Ya no es el mismo mar sereno; ahora se siente inquieto, como si la propia naturaleza de este espacio estuviera cambiando. Hay un murmullo, un susurro lejano que crece dentro de mí.

Siento un peso en mis extremidades, un peso que nunca antes había sentido. Me muevo ligeramente, empujado por una fuerza que no puedo resistir. No es dolor lo que siento, pero hay una presión constante que no puedo ignorar. El mundo conocido, mi universo interior, está desapareciendo lentamente. Las paredes a mi alrededor me empujan, me presionan, me veo obligado a comenzar el viaje.

¿Dónde voy? ¿Qué me espera más allá? No tengo respuestas, solo la certeza de que no puedo detenerme. No hay vuelta atrás. Mi cuerpo, pequeño y frágil, responde de forma instintiva a las contracciones que me envuelven, que me guían hacia un destino desconocido. El líquido que me rodea empieza a ser más denso, como si el calor de este santuario se estuviera disipando. No es algo que entienda, pero puedo sentir la urgencia de mi cuerpo. Algo me espera más allá de estas paredes, más allá de este mar que me ha contenido desde siempre. Siento cómo mi cabeza se aproxima al umbral que aún no puedo cruzar.

Y entonces, el primer atisbo de lo que está al otro lado me toca, aunque mis ojos estén cerrados. Es un roce, una sensación nueva, diferente de todo lo que he experimentado. Es frío, una leve caricia que me llena de un desconocido y primitivo temor. Es como si el mundo que me aguardara fuera un lugar inhóspito comparado con la seguridad que tengo aquí, en este vientre cálido y protector. El ritmo del universo se acelera. Las contracciones son más fuertes, más insistentes. Cada presión me acerca más al borde de lo desconocido, de lo que será mi nueva realidad. Mi cuerpo se prepara para lo que vendrá.

Es el fin de algo. Pero también, en este caos que comienza a desatarse, hay una promesa. Una promesa de luz, de aire, de una existencia nueva que me espera más allá de este océano en el que he flotado durante todo lo que hasta ahora ha sido mi vida.

El umbral está cerca, pero por ahora, aún me aferro a la quietud, a la paz de este último momento antes de que el caos me arrastre hacia lo que me espera. El impulso es imparable ahora. Ya no soy dueño de mi propio cuerpo; me siento empujado por una fuerza mayor que me llama hacia el borde del abismo, hacia lo desconocido. Mis pequeñas extremidades se tensan, mis manos, que nunca han tocado nada más que el líquido en el que floto, se preparan sin saberlo para el contacto con algo más sólido, más firme. Algo diferente.

El tirón es más fuerte. Ya no es solo una contracción pasajera, es una demanda, una exigencia de que avance, de que salga de este lugar que ha sido mi único refugio, mi única casa. Y aunque no quiero, aunque mi pequeño cuerpo aún no comprende del todo lo que ocurre, no puedo resistirlo. Las paredes que me han protegido empiezan a ceder, abriéndose lentamente, forzándome a moverme, a descender hacia un túnel oscuro, estrecho, que parece comprimir mi ser.

El frío, lo siento de nuevo. No es un frío insoportable, pero contrasta de manera brutal con la tibieza a la que estoy acostumbrado. Me envuelve una sensación extraña, de vacío, de estar dejando atrás algo fundamental, algo que ya no podré recuperar. Este túnel, este camino que sigo, es mi única salida, pero a medida que avanzo, siento la creciente incomodidad, la presión en mi cuerpo. Empiezo a moverme hacia abajo, mi cabeza gira ligeramente en busca de espacio. Todo mi ser se acomoda, instintivamente, a este pasaje estrecho y desafiante.

Hay una sensación de urgencia, como si el tiempo se hubiera acelerado de repente, y ya no hubiera margen para detenerme, es imposible volver atrás. Siento el líquido amniótico que ha sido mi sustento moverse con más violencia a mi alrededor, y con cada contracción, soy empujado más y más hacia la salida. No puedo ver la luz todavía, pero la siento. Es como si una llamada brillante estuviera más allá de este túnel oscuro, atrayéndome, insistiendo en que avance, en que me deje arrastrar por el flujo que me lleva hacia adelante. Siento el latido que me ha acompañado durante toda mi existencia, pero ahora parece más distante. El sonido amortiguado de la vida a mi alrededor está cambiando. Las paredes que me envolvían empiezan a perder su firmeza, están cediendo, abriéndose para dejarme ir. Sé, aunque no lo comprenda del todo, que estoy a punto de nacer.

Es aterrador. Todo en mí grita por quedarme, por no abandonar este lugar donde todo es predecible, donde todo es seguro.

El descenso continúa, más rápido ahora. Siento que el túnel que atravieso me está empujando hacia lo inevitable. Hay una presión en mi cabeza, una presión que me aplasta, pero no duele, es más bien una insistencia, como si el propio universo me estuviera dando la bienvenida al lugar donde, por fin, podré existir por completo.

Mientras me acerco a mi última frontera, la sensación de algo inmenso y nuevo me envuelve. No sé qué me espera, pero siento que ya no hay vuelta atrás. La presión se intensifica, y de repente, todo cambia. Mi cabeza ha cruzado un umbral que no comprendo. Las paredes que me comprimían se han ensanchado, aunque aún no he salido del todo. Mi cuerpo siente algo distinto, algo que nunca había experimentado; anhelo una libertad que no se parece en nada al cálido abrazo del vientre donde he flotado durante tanto tiempo. Con un último empujón de la matriz, es lanzado hacia un nuevo mundo. La habitación blanca, la que una vez consideraba como suya, se disipa a su alrededor, y con ella, la vida no solo comienza, sino que florece. El tirón hacia afuera es imparable, en un último esfuerzo, me libero.

Por fin sucede, soy completamente yo.

Ya no estoy dentro, ya no estoy cubierto por el fluido que me envolvía. El mundo me recibe con un golpe de sensaciones que no puedo procesar de inmediato. Mi piel desnuda, por primera vez en contacto directo con el aire, se eriza ante el frío repentino. Mi pequeño cuerpo, indefenso y frágil, empieza a sentir algo desconocido, un vacío que me sacude desde dentro. Y entonces, el cordón que me unía a todo lo que era familiar se corta. El dolor es sutil pero profundo. No es un dolor físico, sino algo más primitivo, un corte que me separa de la única fuente de vida que conocía. Me he desconectado de lo que me alimentaba, de lo que me mantenía seguro, y ahora estoy solo. Una pequeña parte de mí, en lo profundo de mi ser, entiende que algo se ha roto, algo se ha perdido para siempre. Mi mundo ha cambiado, y no hay retorno. Después de expulsar todo el liquido que obstruye mis vias respiratorias, el fuego en mis pulmones es lo siguiente. Un golpe agudo y punzante entra por primera vez, invadiendo mis entrañas, llenando un espacio que nunca antes había sido utilizado. Mis pulmones, que hasta ahora habían estado en silencio, se expanden bruscamente, absorbiendo la primera bocanada de aire. La sensación de incomodidad crece, una quemazón se extiende por mi pecho.

Mi cuerpo reacciona instintivamente, en un instante que parece eterno, la transformación se completa, el ser que no era; ahora es. Un "vagitus" resuena en el aire, un grito de vida que anuncia su llegada; él es un ser nato.
El grito que sale de mí no es solo un reflejo inesperado, es mi primer acto de vida consciente. Es mi primer reclamo al mundo, una protesta ante la ruptura, una afirmación de que existo, de que he llegado.

Con el primer llanto resonando en la habitación, el papá siente que una corriente de energía lo atraviesa, una ola de vida que inunda cada fibra de su ser. Es testigo del milagro del nacimiento, y en ese momento se da cuenta de que no solo su hijo ha llegado al mundo, sino que también ha traído consigo una nueva vida, un nuevo ser que lleva en su interior una chispa de lo eterno. La experiencia es abrumadora; cada latido del corazón que ahora late junto a él es un eco de su propia existencia que también ha impactado a otro ser.
Mientras sostiene al recién nacido en sus brazos, el papá siente una mezcla de vulnerabilidad y fortaleza. En su mirada, hay una pureza y una inocencia que lo conmueven profundamente. Lleva el fruto de su unión a los brazos de la madre, sintió un calor conocido.
Las emociones abruman a su mamá; el amor que siente por el niño es indescriptible. Es un amor que ha sido cultivado en la profundidad de su ser, un amor que ha crecido a través de la conexión que les unia. Mientras mamá observa al pequeño en sus brazos, siente una nueva oleada de sentimientos. Ahora comprende que la vida es un regalo que debe ser celebrado, y cada momento con su hijo es una oportunidad para explorar el amor, la alegría y el aprendizaje. En este vínculo, encuentra el sentido profundo de su propia vida.

El líquido amniótico que aún estaba en mis pulmones es expulsado con ese llanto, y mientras el aire continúa entrando, la incomodidad inicial se transforma en una extraña sensación de alivio. Es doloroso, pero al mismo tiempo, liberador. Cada respiración duele menos que la anterior, y aunque no entiendo lo que está ocurriendo, mi cuerpo sabe lo que debe hacer. Respiro. Vivo.

El sonido del mundo se amplifica a mi alrededor. Ya no es el latido suave y constante que escuchaba en el vientre, ni el silencio amortiguado del líquido que me rodeaba. Ahora es caos, es ruido, es luz, es todo lo que no había conocido. Y en medio de ese caos, mientras sigo gritando y respirando, siento unas manos que me sostienen, que me tocan con suavidad pero también con firmeza. No sé quiénes son, no entiendo sus intenciones, pero me quieren, no estoy solo.

Mi cuerpo se adapta, lentamente, a este nuevo entorno. Las manos me levantan, me acomodan, y en algún lugar profundo dentro de mí, empiezo a entender que he llegado al lugar que me ha llamado todo este tiempo. A medida que su nuevo ser comienza a tomar forma en la realidad, el recién nacido siente un torrente de emociones que inundan su ser. No solo ha dejado atrás el espacio cerrado que lo contenía, sino que ahora se encuentra en un vasto universo que le da la bienvenida. Cada segundo que pasa le resuena con la intensidad de su experiencia previa, un eco de lo que fue y de lo que está destinado a ser.

Hay una profundidad en su mirada, una sabiduría adquirida que va más allá de lo físico, y esa sabiduría se manifiesta en su forma de interactuar con el mundo.

El entorno que lo rodea se siente vibrante, lleno de colores y texturas que parecen cobrar vida con su presencia. Todo lo que antes parecía monótono y vacío ahora brilla con significado. Las sombras danzan en las paredes, las luces parecen susurrar secretos, y el aire está impregnado de la fragancia de nuevas posibilidades. Es como si cada elemento de la naturaleza estuviera celebrando su llegada, como si el universo entero estuviera aplaudiendo su existir.

Se siente invadido por una curiosidad insaciable. Quema con el deseo de explorar y entender todo lo que lo rodea. Observa cada rincón con atención, absorbiendo cada detalle que se presenta ante él. La suavidad de la piel, el murmullo de las palabras, el ruido del entorno; todo le habla en un idioma que su alma entiende a la perfección. En este nuevo estado de existencia, cada sentido cobra vida, y cada experiencia se convierte en un regalo.

CAPÍTULO 17
EXISTENCIA

Siente como los seres humanos que están a su alrededor comparten su mundo. Observa las expresiones de sus rostros cuando cuentan sus historias, entrelazada con la suya. Comprende que su nacimiento es parte de un tejido más amplio, donde cada hilo es vital para el diseño del universo. Se siente conectado a todos ellos, un reflejo de la vida que ahora comparte y siente. Esa conexión no solo es emocional; es física y espiritual. Cada vez que se encuentran sus almas, siente una chispa de reconocimiento, como si estuvieran compartiendo un secreto ancestral, el llamado de la sangre. Comprende que todos son viajeros en este viaje llamado vida, y cada uno tiene su propio propósito. Es un momento de revelación, se da cuenta de que su existencia no es un accidente.

De igual manera, vuelven a surgir preguntas en su conciencia. ¿Qué hará con este nuevo don de la vida? ¿Cómo contribuirá a la narrativa de la historia? La responsabilidad pesa sobre sus hombros, pero en lugar de abrumarlo, lo motiva más. Siente el deseo ardiente de dejar una huella positiva, de ser una luz para otros. En su corazón, lleva la convicción de que cada vida tiene el poder de cambiar el mundo, y está decidido a ser parte de ese cambio.

Mientras la luz del día comienza a desvanecerse, su mente se encuentra en un momento de relajación. Se siente tranquilo, rodeado de la belleza natural que lo envuelve. En este silencio, escucha el latido del mundo, el pulso de la vida que fluye a su alrededor.

Y así, mientras el sol se oculta en el horizonte, comprende que su viaje apenas comienza. Está listo para enfrentarse a los desafíos que el mundo le depara, a las lecciones que deberá aprender y a las conexiones que deberá forjar. Con el corazón lleno de amor y la mente abierta a la sabiduría que aún está por venir, avanza hacia el horizonte, sabiendo que, aunque el futuro es incierto, su vida tiene un propósito y un significado profundo. Finalmente, abraza la vastedad de su existencia, aceptando que cada momento es un regalo.

El ser, ahora un bebe, abre los ojos. La luz entra en su mundo, deslumbrante y real. A su alrededor, las sombras de la habitación se desvanecen, dando paso a un paisaje de posibilidades infinitas. El nuevo ser toma aliento, y con ese suspiro, acepta la vida en su totalidad. Se siente libre, lleno de un amor inmenso por lo que está por venir.

> Soy padre, soy creador.
> Este pequeño ser es un símbolo de esperanza, nacido de la fusión de nuestras almas, una promesa de futuro, por eso me comprometó a ser su protector, su guía, y su apoyo en este vasto universo.

El ambiente a su alrededor parece cobrar vida con una energía renovada. Los colores son más vibrantes, los sonidos más nítidos. El aire se siente más fresco, como si el mundo mismo celebrara la llegada de este nuevo ser. A cada instante, el papá se da cuenta de que su vida ha cambiado irrevocablemente. No solo es responsable de sí mismo, sino que ahora tiene la tarea de cuidar a otro ser humano, de guiarlo y ayudarlo a encontrar su camino en este mundo lleno de maravillas. Mientras el silencio se instala en la habitación, el papá siente que ha alcanzado una paz interior. Con su hijo en brazos, se da cuenta de que ha tomado la decisión correcta. La vida, con todas sus complejidades y bellezas, vale la pena vivirla. A medida que la luz comienza a filtrarse a través de las ventanas, su corazón late con la promesa de un nuevo comienzo, un nuevo capítulo lleno de amor, vida y esperanza. Y así, con la luz del día en sus rostros, padre e hijo están listos para dar el siguiente paso en su viaje, abrazando el futuro con los brazos abiertos.

Soy madre, soy luz.
Los desafíos que aguardan en el futuro parecen menos intimidantes. Ha encontrado su razón de ser, y se siente preparada. Cada sonrisa del niño, cada pequeño gesto, es un recordatorio de que la vida está llena de magia, de momentos de conexión y de oportunidades para amar.

Mientras la luz entra lentamente por la ventana, iluminando la habitación con un resplandor suave, la mamá siente gratitud y asombro en su alma. Al observar el rostro del niño, percibe que no solo ha traído a la vida un nuevo ser, sino que ha reavivado en él la chispa de la esperanza y la posibilidad. Todo lo que ha vivido, cada lucha y cada momento de duda, cobra sentido en este instante.
Con el niño en brazos, decide que cada día será una celebración de la vida. Se compromete a enseñarle sobre el amor, la empatía y la resiliencia. El mundo puede ser un lugar oscuro a veces, pero también está lleno de luz, de belleza y de infinitas posibilidades. Promete ser un faro de esperanza, alguien que le mostrará cómo encontrar la alegría incluso en los momentos más desafiantes.

Somos padres, juntos somos.
Con cada respiración del bebé, la mamá siente que su propio propósito se redefine. Ella decidió que su hijo viviera; ahora junto a su padre, serán una guía, un faro de luz para este nuevo ser. Conscientes de que el mundo puede ser un lugar desafiante, se sienten decididos a proporcionarle un hogar seguro y amoroso, un lugar donde pueda crecer y florecer en libertad.

En la cama, con el pequeño acurrucado en su pecho, sienten una calma profunda que les envuelve. La maternidad y la paternidad son dos caras de la misma moneda, y él ha abrazado ambas. Cada risa, cada llanto, cada descubrimiento del mundo es una continuación de lo que él representa. Se convierte en el puente entre los dos mundos, y se siente inmensamente agradecido por ello.

Acarician suavemente la cabeza del niño, escuchan el latido de su corazón, un ritmo que se sincroniza con el de ellos. Esta conexión les transforma; se sienten más vivos que nunca, con una energía renovada y una claridad de propósito.

Listos para descubrir juntos lo que significa vivir. Con cada respiro, cada sonrisa y cada lágrima, se crean momentos que se convierten en recuerdos. La nada concluye su viaje desde lo nonato hasta lo nato. En el vasto universo que lo espera, sabe que su existencia es un regalo. Con la promesa de un futuro lleno de desafíos y alegrías, el niño se prepara para ser parte de la historia, de ser el protagonista de su propia vida. La vida comienza, y el mundo lo recibe.

EL VIAJE DE LA EXISTENCIA

A lo largo de este libro, hemos acompañado a la existencia en un profundo y conmovedor viaje de auto descubrimiento y aceptación. Desde su despertar en la habitación blanca, un símbolo de soledad y confinamiento, hasta su nacimiento y celebración de la vida, cada capítulo ha explorado la complejidad de la existencia y la interconexión de las experiencias humanas.

La historia comienza en la nada, un espacio vacío donde el ser, despojado de recuerdos y contexto, busca comprender su identidad. Este vacío inicial se convierte en un lienzo en blanco, donde se plantean preguntas fundamentales sobre la vida, la muerte, y el propósito.

A través de su interacción con su alter ego, el ser aprende que su pasado, aunque doloroso y marcado por la pérdida, es una parte integral de su ser. La habitación secreta que inicialmente parecía un lugar de encierro se revela como un santuario de memoria, un espacio donde las experiencias pasadas pueden ser confrontadas y aceptadas.

A medida que avanza la narrativa, la exploración de la identidad se vuelve más compleja. La dualidad de ser y no ser, de vivir y no vivir, se presenta en forma de decisiones difíciles, como el peligro latente del aborto. Esta amenaza no es solo un evento, sino un reflejo de la lucha interna del ser por encontrar su lugar en un mundo que a menudo parece estar en su contra. La decisión de permitir que exista es un acto de valentía, un compromiso con la vida y con la idea de que cada ser humano tiene el derecho a experimentar, a crecer y a desarrollarse.

En esta búsqueda, el ser no solo aprende a aceptar su propia existencia, sino que también encuentra en la maternidad y paternidad un nuevo significado. Reconocer que cada vida, ya sea vivida o no, tiene un impacto en el tejido de la humanidad.

El nacimiento representa un nuevo comienzo, un hito que simboliza la victoria de la vida sobre la muerte, la esperanza sobre la desesperación. Cada uno de nosotros enfrenta momentos de soledad, incertidumbre y dolor, pero también hay espacio para el amor, la conexión y la transformación. En un mundo lleno de desafíos, la decisión de vivir plenamente, de abrazar nuestra identidad y de honrar nuestras conexiones con los demás, es lo que da significado a nuestra existencia.

Este libro nos invita a mirar más allá de la superficie de nuestras experiencias, a profundizar en el significado de nuestra propia vida y a reconocer la belleza de lo que significa ser humano. La vida es un viaje intrincado y a menudo impredecible, pero es precisamente en esa complejidad donde reside su magia. Al igual que el padre y la madre, cada uno de nosotros tiene el poder de dar vida a nuestras decisiones, a nuestras experiencias y a nuestras relaciones, creando un legado que perdura más allá de nosotros mismos. Así, el viaje continúa, lleno de posibilidades infinitas y de la promesa de un nuevo despertar.

AGRADECIMIENTOS

A lo largo del proceso de escribir este libro, ha sido imposible no detenerme a meditar sobre la fuerza y el apoyo de aquellos que han estado conmigo en cada paso de mi vida.

Primero, agradezco profundamente a mis padres, Don Ademar Zambrano y Doña Apolonia Puertas, quienes me enseñaron el valor de la perseverancia y me brindaron el amor incondicional que todo hijo necesita. Sin ellos, no habría llegado a ser quien soy, ni habría podido crear esta obra. A mis hermanos y hermana, quienes han sido mi refugio y mis aliados, los que comparten conmigo recuerdos de una vida que nos sigue uniendo.

A mis hijos, los seres más preciosos en mi vida. Ustedes han sido mi inspiración diaria, el motivo por el cual cada palabra de este libro tiene un sentido más profundo. Son ustedes el reflejo de todo lo que he sido y seré, y por ustedes seguiré luchando por dejar un legado.

A mi pareja por soportarme, por la paciencia de verme sentado frente al ordenador, por su cariño y apoyo.

A mis familiares y amigos, quienes en los momentos de duda estuvieron presentes, brindándome su apoyo sincero y animándome a seguir adelante. Sus palabras de aliento fueron el combustible que me permitió continuar, incluso cuando las fuerzas parecían menguar.

Este libro no solo es un testimonio de mi esfuerzo, sino también un reflejo de la vida misma. Cada capítulo, cada reflexión, está impregnado del amor y las experiencias compartidas con todos ustedes.

Gracias por ser parte de mi historia y por haberme permitido compartirla con el mundo.

Con todo mi corazón,
Marcelo Zambrano Puerta

www.ingramcontent.com/pod-product-compliance
Lightning Source LLC
Chambersburg PA
CBHW071510220526
45472CB00003B/971